# 少有人走的路

## 4 在焦虑的年代获得精神的成长

THE ROAD LESS TRAVELED AND BEYOND

[美] M．斯科特·派克/著 (M. Scott Peck)
尧俊芳/译

北京联合出版公司
Beijing United Publishing Co.,Ltd.

**图书在版编目（CIP）数据**

少有人走的路. 4, 在焦虑的年代获得精神的成长 / (美) M.斯科特·派克著 ; 尧俊芳译. -- 北京 : 北京联合出版公司, 2020.10（2024.5重印）

ISBN 978-7-5596-4148-9

Ⅰ. ①少… Ⅱ. ①M… ②尧… Ⅲ. ①人生哲学—通俗读物 Ⅳ. ①B821-49

中国版本图书馆CIP数据核字(2020)第057979号



北京市版权局著作权合同登记号　图字：01-2020-2087 号

**少有人走的路. 4, 在焦虑的年代获得精神的成长**

The Road Less Traveled and Beyond

著　　者：[美]M.斯科特·派克
译　　者：尧俊芳
出 品 人：赵红仕
责任编辑：徐　樟
封面设计：SPEED Studio 何嘉莹
装帧设计：季　群　涂依一

---

北京联合出版公司出版
（北京市西城区德外大街83号楼9层　100088）
北京联合天畅文化传播公司发行
北京中科印刷有限公司印刷　新华书店经销
字数150千字　640毫米×960毫米　1/16　14.75印张
2020年10月第1版　2024年5月第5次印刷
ISBN 978-7-5596-4148-9
定价：36.00元

---

# | 中文版序

生命是复杂的，没有简单的答案。

这是斯科特·派克在 60 岁时对生命做出的总结。

生命中交织着生与死，善与恶，真理与谎言……这些相互矛盾的力量常常同时席卷而来，在我们内心造成激烈的摩擦、冲突和碰撞，让我们身心疲惫，不知所措，思维混乱。

面对这种情形，很多人选择草率的思考，或者懒得去思考，漂浮在生活的表层，随波逐流，生命也因此变得盲从和肤浅。也许他们看上去活得悠然自得，轻松自在，但骨子里却缺乏专注、热情和深度，以及真实的存在感。

我们最应该敬佩的是那些冲锋陷阵的人，他们克服了内心的懒惰和恐惧，敢于冲入矛盾之中，高举起“正直思考”的旗子，反抗草率的思考。他们在矛盾中抉择，在痛苦中成长，在焦虑中实现了精神的超越。

正直的思考，并不意味着尽善尽美，而是完整。

正直的思考是真实的思考，也是完整的思考，能同时接纳生命中的“生”与“死”，“善”与“恶”。只注意到生命中的“死”和“恶”会让我们变得悲观和偏激，而只看见“生”和“善”则会让我们变得幼稚和肤浅，这些都不是正直思考的表现。

每个人都有恶的一面，但是我们却向往善。

我们只有拥抱生命中这样的矛盾，才能变得真实，活得正直。如果我们不能觉察自己恶的一面，极力否认、掩盖，失去了正直的思考，就会变得虚伪。这时我们夸夸其谈的善只能是伪善。伪善放大了我们心中的“恶”，压抑了人性中的“善”，这也是如今贪污、腐败、暴力和欺诈肆无忌惮的根源。实际上，邪恶横行的时候，往往是我们对它失去觉察力，或者熟视无睹的时候，即我们没有正直思考的时候。英国哲学家埃德蒙·伯克说：“如果邪恶最后取得了胜利，那一定是因为好人都在袖手旁观。”

生活是复杂的，常常会出现三种情况：一种是好的，一种是坏的，还有一种是不知道是好是坏的中间地带。我们必须承认，我们总是生活在不确定的中间地带，诸如要不要和那个人结婚，该选择何种职业，什么时候买房，等等，都具有很大的不确定性和风险，我们所做出的决定也都带有赌博的成分。虽然这些情况令人焦虑，备受煎熬，却是人生的常态。因此，我们必须忍受焦虑，学会在不确定的中间地带生活，并把这种生活体验直接升华为生命体验。

生活体验是入乎其内，活在生活之中；生命体验是出乎其外，活在生活之上，获得超然。生活体验贴近“自我”，而生命体验更贴近“灵魂”。**不过，自我和灵魂常常处于交战状态，自我需要拥**

**有，拥有得越多越好，而灵魂需要放弃，放弃得越多越自由。所以，前半生我们要追寻自我，后半生则要放下自我，追随灵魂。**唯有如此，我们才能在焦虑、恐惧和痛苦中获得超越。

涂道坤

# 目录

CONTENTS

## 第二部分 在复杂中摔打，在矛盾中抉择

# 前　言

我已年满60。这个岁数对不同的人有不同的意义。于我而言，由于健康状况不是太好，而且觉得已经活了三辈子那么久，60岁意味着我应该整理一些事务。趁现在还有余力，我似乎应该去收拾生命中尚未完成的工作。这便是我写作本书的目的。

我写《少有人走的路：心智成熟的旅程》正值充满活力的40岁，犹如水龙头被打开，汩汩流淌：一共写了九本，还不包括这一本。常常有人问我，对于某本书你有什么特定的目的，仿佛我心中有什么高瞻远瞩的战略似的。实际上，我写这些不是出于什么战略，而是每本书都想写自己。即使现在也是如此。

我的每本书之间都有联系，但又完全不一样。随着年龄的增长，我逐渐明白，这些书都从不同的角度，试图解决一个复杂的主题：如何在焦虑的年代获得精神的成长。

15岁时，我就陷入了焦虑，对未来忧心忡忡，情绪极度低落，医生诊断为轻度抑郁症。21岁时，我写的大学论文题目非常宏大：焦虑、现代科学与认识论的问题。认识论属于哲学的范畴。讨论的是：你怎么知道你知道，以及你认为的并不是你认为的。这些白马非马的讨论，令人莫衷一是。而科学对未知世界的“猜想”和“假设”，与哲学比起来同样不确定。不确定就会带来焦虑。英国诗人奥登说这是一个焦虑的年代，一切都令人困惑。他在诗歌《焦虑的年代》中写道：

我们喋喋不休，说东道西，
却仍旧孤独，活着却孤独，
归宿——在哪里？

我的大学论文只提出了问题，没有提供任何答案。我知道这些问题将一直伴随着我，或许我将用一生的时间去寻找答案。于是在焦虑中我开始进入真实的生活：上医学院，结婚，养育孩子，接受心理医生的训练，在军队和政府服务，以及最后开私人诊所。我一边在焦虑中生活，一边思考那些问题，不知不觉积累了足够的答案，最后形成了《少有人走的路：心智成熟的旅程》。而后来的每一本书都是那些答案的延伸和扩充。所以，在我的每一本书中，同样的问题一再回响。我的经历让我懂得：焦虑不会从生活中消失，只会消失在生活里。

生活是一个熔炉，我们在其中历经磨砺，接受改变，锻造灵魂。如果我们固执己见，盲目维护个人的自尊和虚假的正义感，精神成长的步伐便会停滞。正如奥登所说：

我们宁愿被毁，

也不愿意改变，

宁愿死于自己的恐惧之中，

也不愿爬上当下的十字架，

让自己的幻影失去。

懒惰是人类的“原罪”，而改变则是人类的“原恩”。

要生存就要改变，要改变就要成长，要成长就要不断地突破自我。在焦虑中改变和成长，正是本书的主题。唯有改变和成长，才能带来超越。

在我的前半生，改变和成长的方向是追寻自我，获得自尊；在我的后半生，则是放下自我，放弃自尊，从而靠近灵魂。

自尊只存在于自我之中，灵魂没有自尊。

放下自我是艰难的，也是痛苦的，这种改变和成长不免令人焦虑和恐惧，正是由于放弃如此困难，所以，我们才说**放弃不是人的行为，而是人身上神性的表现。**在放下的过程中，自我在痛苦地挣扎，精神却获得了成长。这时，我们能真切地感受到自己只不过是浩瀚天地间的一分子，是伟大宇宙计划的一部分，于是我们的意识与宇宙的意识联系起来，甚至融为一体，变得谦虚、淡泊、宽容、坚韧，也更具智慧，更加超然。我们逐步放下了自我，但灵魂却升华起来，实现人生的超越。

# 反抗草率的思考

第一部分

不管是个人的心理疾病，还是根深蒂固的社会弊病，绝大多数都是草率思考带来的问题。

THE ROAD LESS
TRAVELED AND BEYOND

## | 第一章

# 思　考

生命是复杂的。

生命的复杂并不是因为深奥，而是在于矛盾：生与死的矛盾，自由与服从的矛盾，依赖与独立的矛盾，快乐与痛苦的矛盾……几乎生命中的所有问题都充满了矛盾，没有完全一致的答案。我们对问题思考得越深入，越会感觉到它们的矛盾。在矛盾中我们左右为难，无所适从，常常会有强烈的不确定感，并为此深感焦虑。

为了避免矛盾、不确定性和焦虑，不少人采取的方法是隐瞒矛盾中不愿意看见的那个方面，比如隐瞒死亡、服从、独立和痛苦，只思考他们愿意公开的那一面：生存、自由、依赖和快乐。他们也因此陷入了草率的思考。

一些父母在教育孩子的时候，会对他们说："小孩子别问那么多！"在父母看来，隐瞒一些事情是对他们的保护，会让他们感到安全，避免矛盾和焦虑。这些隐瞒的事情包括性方面的知识，家庭的危机，以及很多社会问题的真相。当孩子还是孩子的时候，父母这样做有一定的益处。但是隐瞒真相并不能让孩子获得真正的安全感，对问题缺乏全面和深入的了解，久而久之，会让他们在将来的生活中陷入草率的思考，变得僵化、固执，充满偏见。

由于隐瞒了矛盾的一个方面，所以，草率的思考必将导致偏见，而偏见必然怂恿不合理的行为。如今世界上的冲突不断，虽然有利益之争的因素，但更多的是因为偏见。一种信仰对另一种信仰的偏见，一种意识形态对另一种意识形态的偏见，穷人对富人的偏见，富人对穷人的偏见，城里人对乡下人的偏见，白人对黑人的偏见，异性恋对同性恋的偏见等，皆是引发冲突的根源。尼采说：“那些听不见音乐的人认为那些跳舞的人都疯了。”

近年来，会思考的人越来越少，草率思考导致的偏见让人们各自为营，各执一词，自以为手中掌握着真理，为了捍卫所谓的真理，他们互相对立、彼此攻击，结果就是不和谐事件频频发生，此起彼伏。

**不容置疑的坚信比伪装的谎言更可怕，让社会潜伏了巨大的危险。**

时至今日，不论个人还是社会，都面临许许多多难题，而最大的难题在于草率的思考——有时甚至是完全不会思考，或者懒得思考。罗素说：“许多人宁愿死，也不愿思考，事实上他们也确实至死都没有思考过。”这不是一个简单的问题，而是唯一的问题，是所有问题的根源。

如何正确思考，是一个迫切需要解决的问题——其紧迫程度刻不容缓——因为身处日益复杂的世界，思考是我们决策和行动的必经之路。如果我们不能进行完善的思考，很快就会被偏见吞噬，陷入冲突和互相伤害。

我的每一本书，不管从形式上还是内容上，都是在反抗草率的思考。在《少有人走的路：心智成熟的旅程》中，我强调的是“人生苦难重重”；在《少有人走的路 2：勇敢地面对谎言》中，我说的是“谎言是邪恶的根源”；在《少有人走的路 3：与心灵对话》中，我又补充了“人生错综复杂”；而在这本书中，我想进一步说明“人生没有简单的答案”，草率的思考只能得到草率的答案，让人陷入偏见和冲突的泥潭。

思考是困难的。思考是一个过程，拥有自己的轨迹、方向、时间、步骤或阶段，在经历这一切之后，才会得到答案。由于在思考的过程中，轨迹和方向不是那么清晰，步骤和阶段也不是直线进行，前后连贯，有条不紊，有时会循环出现，犹如一团乱麻；有时会重重叠叠，来来回回，毫无进展。所以，完善的思考往往会耗费大量的精力和时间，让人感到痛苦、艰难和万分焦虑，但是只有经受住这个过程的磨砺，我们才能避免草率的思考，接近事实，做出正确的决定。

思考是复杂的。每个人的道路都不一样，要避免草率的思考，必须摆脱他人的负面影响，做到独立思考，才能得到属于自己的人生答案。虽然人与人不同，却常常会犯相同的毛病：

都认为自己与生俱来就知道如何思考，如何交流。但实际情况恰恰相反，绝大多数人既不会思考，也不会交流。由于过于自满，他们无法觉察到自己在思考时的草率、刻板和机械。由于太过自恋，他们无法感受到别人的想法和情绪，与之产生共鸣。他们不能深入内心，了解自己思考的全过程，以及行为的真正动机，只能停留在表面，让思想变得浅薄，情绪变得焦虑，行为失去理智。当他们在生活和工作中不可避免遭遇失败和挫折之后，往往一头雾水，不知道自己究竟错在了哪里。

思考是麻烦的。但缺乏思考则会带来更大的麻烦，更可怕的冲突。哈姆雷特的经典台词："生存，还是死亡，这是一个问题。"这是对生命终极存在的天问。其实还有一个问题也触及了生命存在的核心，那就是"思考，还是不思考"。草率的思考不会让生命获得多少存在感，只有当一个人进行了深入而完善的思考之后，才能深深感受到自己的存在。在目前人类进化的阶段，对思考的叩问，与哈姆雷特的天问同等重要。

通过当心理医生的经验，以及对人生的体验和观察，我知道人们不能深入思考有四个原因：一是懒得思考，不愿意费脑子；二是在思考中根据肤浅的逻辑、刻板的思想和贴标签的分析，来臆测推断出一个偏执的结论；三是相信思考和沟通不需要努力，只需凭借本能反应就能完成；最后便是认为思考是在浪费时间。这些原因导致他们陷入草率的思考，以至于无法解决人生和社会中的许多问题，一旦遭遇失败，就会变得愤怒，把责任推卸给他人，或者变得郁郁寡欢，一蹶不振。

伦纳德·霍奇森写道："我们会犯错，不是因为我们相信思考，而是因为在我们的罪恶中，我们的思考是如此不完美。补救的方法不是去学习另一种知识来替换思考，而是要让我们的思考变得更深入，更完善。"霍奇森所说的"罪恶"，我认为就是指人类所具有的"原罪"——懒惰、恐惧与自傲。这些限制了我们，使我们无法充分发挥潜能。关于"如何让我们的思考变得更深入，更完善"，他的建议是竭尽全力去释放真实的自我，实现最高的可能。关键的问题，不是说不应该相信我们的大脑，而是由于懒惰、恐惧与自傲的罪恶，我们并没有充分发挥出大脑的功能。每个人生命中的首要任务，就是要充分运用自己的大脑，发挥潜能，成为一个完整的人。

## 大脑的意义

显而易见，我们拥有大脑是为了思考。

人类与其他动物的区别之一，就在于大脑占体重的比例很高。不过鲸鱼和海豚是两个例外，它们的大脑占总体重的比例比人类还要高，这也是很多动物权利保护人士强烈呼吁保护这些动物的原因之一。他们认为鲸鱼和海豚很可能比人类还聪明，或者说在某些方面如此。

人脑和其他哺乳类动物的脑一样，都是由三部分组成的：

旧脑、中脑和新脑。每一部分都有其特殊职能，它们相互配合，保证生命运行。

旧脑，又称爬行脑，位于人类脊椎的顶端，那里有一块延伸的组织，被称为延髓。这个部位是神经细胞的聚合，被称为神经中枢。旧脑中的神经中枢主要负责人类的生理需要，比如控制呼吸、心跳、睡眠、味觉，以及种种基本功能。

中脑的区域要比旧脑大，功能也更复杂。中脑的神经中枢主要负责人的情绪。目前，神经外科医生已经绘制出了中脑神经元的分布位置。他们能够在手术台上，把很细的电击针植入一个接受局部麻醉的病人脑中，然后通过以毫伏计算的电流，让受试者产生相应的情绪反应，例如愤怒、欣喜，甚至沮丧。

新脑主要由我们的大脑皮层组成，可以说，人类与其他动物最大的区别，就在于新脑的大小，特别是脑额叶的部分。人类的进化主要就是脑额叶的成长。这些额叶关系到每个人做出判断的能力，处理信息的能力——思考主要发生在这个地方。

正如学习能力取决于思考能力一样，思考能力也同样取决于学习能力。人类与其他动物另一个重要的区别，就在于学习能力。虽然我们也拥有和其他动物一样的本能，但不一样的是，我们的行为并非完全受本能驱使。正是这一区别让人类拥有了自由意志。也正是因为人类拥有额叶和自由意志，我们才能在生活中不断学习。

与其他哺乳动物相比，人类幼儿的依赖期相当漫长。由于我们在本能上相对欠缺，所以需要更长的时间来学习，才能够自立。学习对我们至关重要，学习能够使我们的意识获得成长，思想获得独立，并掌握生存所需的知识，以便有能力去面对未知的未来。

年幼时，我们依赖那些抚养我们的人，是他们规定了我们学习的内容，塑造了我们的思想。由于长时间的依赖，我们无形中会发展出刻板、固执和僵化的思考模式，甚至达到不可逆转的地步。如果小时候养育我们的成年人能够帮助我们学习完善的思考，我们将终身受益。如果那些成年人本身就生性多疑、思维混乱、眼界狭隘，那么我们的思考能力在耳濡目染的过程中或多或少都会受到影响，变得扭曲和畸形。不过，我们也不能就此认为自己是万劫不复的，并屈服于命运的安排。当我们成年之后，当我们不再依赖别人，不再需要别人告诉自己该如何思考，如何行动的时候，我们也就打开了通往完善思考的大门。但是这个过程并不是轻松的，荣格说："一个人毕其一生的努力，就是在整合他自童年时代起就已经形成的性格。"而思考方式在一个人的性格中占有很大的比例。

依赖有健康和不健康之分。我曾写到，身体健全的成年人所表现出来的过分依赖是病态的——这种病态正是心理问题的表现。当然，我们必须区分病态的依赖和对依赖的正常渴望。我们每个人都有依赖别人的需求和渴望，都希望得到别人的体贴和关怀，不管我们看起来多么强大，不管我们花多少功夫假装自己不需要依赖别人，但是在内心深处，我们都曾渴望依赖他人。心理健康的人承认这种感觉的合理性，却不会让它控制自己的生活。假如它牢牢控制了我们的言行，控制了我们的一切感受和需要，那么它就不再是单纯的渴望了，而是变成了一种心理疾病。因过分依赖而引起的心理失调，心理学家称之为“消极性依赖人格失调”。这种依赖，实际上是一种思想的失调——更具体地说，是逃避思考，即便思考的受益者是他们自己，他们也会拒绝思考。

拒绝思考所产生的失调症状十分复杂，这些症状与我们脑部的关系十分密切。可喜的是，科学已经通过一些研究揭开了这层神秘的面纱。关于裂脑的研究更深入地探讨一个众所周知的事实，大脑可以分为左右两边，中间由一些胼胝体连接。现在我们普遍认为左脑负责分析和推理，右脑负责直觉和领悟。虽然这种运行模式并非绝对，但或多或少能体现脑功能的偏重性。

有些医生通过胼胝体切断手术来治疗癫痫，让很多病人痊愈。之后，这些“裂脑人”被作为受试者参与到科学实验中。其中最戏剧性的一次实验表明：如果受试者的左眼被蒙起来，那么右眼获得的信息只能传输给左脑，当向其展示一个物品，比如一个电热器的时候，他们对这个物品的分析会特别具体、详细和生动。他可能会说：“嗯，这是一个盒子，有电线和铁丝，可以用电来加热。”他们甚至还能够继续分析下去，比如非常精准地说出电热器的零部件。不过，即便分析得再精准，他们也无法说出电热器的名字。相反的，如果我们遮住他们的右眼，只让左眼观察物品，受试者则能够说出电热器的名字，不过这次，他们却无法具体说出这个电热器的构成和功能了。

从“裂脑”的研究结果可以看出，左脑是分析脑，其功能是把整体拆分为部分；而右脑是直觉脑，有能力把部分聚合为整体。作为人类，我们有能力学习这两种主要的思考方式：分析推理和直觉顿悟。分析推理是从微观的角度看问题，注重事物的分类、排列和组合，思考方式具有逻辑性、延续性和分析性；而直觉顿悟则是从宏观的角度看问题，注重事物的整体，思考方式具有无序性、跳跃性和直觉性。

“裂脑”的研究成果也支持了另一种理论：性别的差异远超过社会的影响。女性的思考更多的是以右脑为主，而男性更多的是以左脑为主。这也解释了在涉及性爱和浪漫方面，男人会把一个完整的女人分解开来，只对她们的局部感兴趣，比如女人的胸部、大腿和性器官，而女人则对爱的整个过程更倾心。她们不仅需要性感的刺激，更需要浪漫的烛光晚餐。因此，在两性的战争中，女人通常难以理解为什么男人那么注意她们的胸和腿，而男人也很难理解为什么女人要浪费时间在那些浪漫的蜡烛上，而不愿意直奔“主题”。

“裂脑”的研究标志着我们在认识论上获得了惊人的进步：人类至少拥有两种了解事物的方式，如果我们能够同时使用左脑和右脑，就能更透彻更深入地了解事物。这就是为什么我很拥护雌雄同体的思考方式。雌雄同体并不代表一个人是无性的，男人不必失去雄性的阳刚，女人也不必减少雌性的阴柔，而是在思考的时候把分析和直觉融合起来，实现理性和感性的统一。

在我的另一本书《友善的雪花》中，主角珍妮就是雌雄同体思考方式的典型代表。她用两种不同的思考方式去认识她生命中一朵友善雪花的神秘意义。相反，她的哥哥丹尼斯则是典型用左脑思考的人，他习惯于分析具体的实际的东西，但也因此缺乏想象力和创造力，无法感知到宇宙的神奇和神秘，这使他的眼界变得短浅，世界变得狭隘。

据我所知，古苏美尔人曾制定过一条基本规则，用以帮助自己不会像“裂脑人”一样思考。当他们需要做重大决定的时候（决定的主题常常是关于是否要和巴比伦人开战），他们一般会在不同的状态下思考两次。如果他们第一次的决定是在喝醉的情况下做出的，那他们会在绝对清醒的时候再重新思考一次。比如，如果他们在喝醉的情况下大喊“让我们一起去讨伐巴比伦吧”，那么白天酒醒后，他们会认为昨晚做的决定不怎么明智。相反，如果他们在清醒的时候觉得有万全之策去攻取巴比伦，他们会暂停一下，然后说：“让我们先喝些酒再议。”等喝醉之后，很可能他们得出的结论是：“我们没必要和他们交战，怎么可能，我们爱巴比伦。”

古苏美尔人虽然缺乏科学知识，但他们却可以用左右脑来思考问题。今天，除非是因为手术造成的脑部创伤或肿瘤等疾病，我们没有理由不去合理地思考。我们拥有美妙的脑额叶可供利用。但遗憾的是，就是有人不去利用，或者不会利用。实际上，脑损伤并不是造成非理性思考的主要原因，更大的原因其实在于社会，是社会上一些别有用心的人通过各种阴险的手段阻碍我们更好地利用额叶，不让我们进行完善和深入的思考，反而鼓励肤浅草率的思考方式，并让其大行其道。

## 草率思考和盲从心理

遇到问题时，我们会感到烦恼和焦虑，而深入思考则意味着我们需要长时间与问题接触，长时间忍受问题带来的烦恼和焦虑。但是，由于懒惰和恐惧，很多人不愿意这样做，他们只想尽快摆脱问题的纠缠，从中解脱出来，所采取的方式就是草率思考，蜻蜓点水，草草了事。

草率思考不仅会带来偏见，还会导致盲从心理。盲从是随大流，不过脑子就听信权威，相信他人，信奉社会上流行的观念。他们认为："如果大家都这样思考，这样行动，那么就一定是正常的或者正确的。"还有人抱着这样的心理："即使最后错了，也不只是我一个人。"这种从众心理既避免了思考时的烦恼，也减轻了他们对未来的焦虑，似乎在心理上获得了一种安全感和归属感。但是这种安全感是虚幻的，这种归宿感是脆弱的，禁不住任何风吹雨打，早晚会让他们吃尽苦头。

莎莉芳龄 35 岁，她有稳定的工作，但一直未婚。这让她面临了巨大的社会压力。在大家质疑的目光和"老处女"的议论声中，她感到十分焦虑。为了尽快摆脱，她未经深思熟虑，就急急忙忙把自己嫁了出去。几年之后，莎莉后悔不已，后悔当初的决定太草率，没有听从内心的声音去选择属于自己的婚姻。

比尔现年 55 岁，在公司大幅裁员时被解雇，他郁郁寡欢，十分懊悔。早年时，他本来想从事护理工作，但社会上普遍的看法是，女性才从事护理工作，男人就应该到企业中去打拼。由于屈从于社会的偏见，他放弃了自己的追求，选择进入公司。比尔的失败，就在于草率思考导致的盲从，他害怕自己跟平常的男人不一样，不敢违背世俗的观念，不敢坚持做自己。

每个人都是一个独特的存在，在做决定的时候——尤其是重大决定时，你不能相信社会上那些肤浅的成见和错误的准则，而应该把自己的事情想透，想清楚。如果你习惯了偷懒，只想进行草率的思考，按照套路生活，那么，为了与社会“合拍”，你就会成为他们的猎物，而不会去质疑那些准则和套路是否正确，是否适合你自己。这就如同你是一个圆形的人，却非要把自己塞进方形的洞中一样，注定会感受到扭曲和痛苦。生活是你自己的，准则是别人的，你不想挑战准则，不想格格不入，那么你就只能委屈自己，生活在盲从所导致的悔恨之中。

盲从，除了自身的懒惰和恐惧之外，还与家庭、学校和社会的影响紧密相连。如果家长希望孩子听话，就不会让他了解太多；如果学校希望学生顺从，就会限制他们的思想；如果社会想操控我们的心灵，绑架我们的灵魂，就会隐瞒很多真相，迫使我们按照他们设置的模式去思考，去生活。这样一来，我们接受的东西很多都是不真实的，看见的皆是伪装和谎言。当然，彻头彻尾的谎言很难骗过世人，他们常常使用的是“半真半假”的谎言，这种谎言修饰得很完美，听起来很顺耳，却更具迷惑性和欺骗性。

放眼望去，触目惊心。现在，这种谎言已经渗透到社会的方方面面，严重妨碍了我们的思考，阻碍了我们精神的成长。英国诗人阿尔弗雷德·丁尼生曾经写道：“半真半假的谎言是最黑暗的谎言。”

更可怕的是，当这种谎言与人性的懒惰和恐惧结合在一起时，人就丧失了深入思考和独立思考的能力，失去了人类最宝贵的自由意志。生活在这样的社会中，我们就会像一具具木偶，没有了思想和灵魂，任由别人摆布和操纵，轻而易举就会被一股股非理性的浪潮所裹挟。在浩浩荡荡的从众人流中，即使有人隐隐约约感觉到大家是错误的，自己是正确的，但是为了避免别人异样的目光，他们也会屈从于群体的压力，就像是被俘虏的人质，失去了自由。

在半真半假的谎言和草率的思考中，我们不敢怀疑，不敢分析，如果我们想要被视为正常人，就必须随俗沉浮。但值得注意的是，很多时候，我们并不是被逼无奈，而是心甘情愿去相信谎言，自觉自愿去随波逐流，这源于我们内心的懒惰和恐惧。懒惰和恐惧是人类的“原罪”，正是在它们的作用下，我们才主动选择同流合污。

不过，作为人，一方面由于懒惰和恐惧，我们会屈服于世俗的压力，变得盲从；但是另一方面，基于自由意志，我们却可以克服懒惰心理，勇敢地顶住这些巨大的压力，在承受焦虑、不确定性、孤独和痛苦的过程中获得超越。我们可以深入思考，而不是让草率思考牵着鼻子走。我们可以想清楚到底该相信什么，不该相信什么，而不是人云亦云。当我们无畏地摆脱了盲从心理之后，也就摆脱了庸俗和平庸。

## 流行和盲从

盲从心理，经常表现为对流行时尚的趋之若骛。不管今天流行穿什么样的服装，听什么样的音乐，还是当下支持什么样的政治主张，我们都不会深入思考，只是跟在别人的屁股后面亦步亦趋。对别人的审美观和价值体系采取简单的模仿和效法，我们的内心就不会产生剧烈的冲突。但是，过度追求流行时尚，会使我们渐渐失去独立思考的勇气和能力，变得僵化、刻板、教条，这样的思考方式几乎接近非理性的极限，有时甚至会跨越极限，变得疯狂，就像美国在越战时表现的那样。

我们必须向草率的思考宣战，弄清楚我们盲从的东西的真相。比如，我们曾经盲从我们的《宪法》，可是在美国的《宪法》中，曾经100年间，居然不把奴隶视为完整的个人，而只是五分之三个人。这简直不可理喻，疯狂至极。世界上根本就不存在五分之三的人，一种生物要么是人，要么不是人。可即便如此无理荒唐，这部《宪法》却施行了几十年而无人敢质疑。所以，要避免盲从，我们就必须承认自己的缺陷和知识中的漏洞，而不是让自傲、恐惧与懒惰引诱我们去扮演全知全能的角色。

## 先入为主与贴标签

认为自己无所不知，无所不能，其实才是最大的蠢货。但就是有这样的人，认为自己的思考方式永远正确，自己的观点是绝对的真理，对任何相反的证据和不同的意见视若无睹。当需要维护自己的虚假正义与自尊时，他们会变得固执、刻板、独断专行。他们不能，也不愿意换一种思考方式，仿佛抛弃草率思考就会要了他们的老命一样。

先入为主和贴标签，是草率思考最常见，也最具有破坏性的表现。人们常常会依据自己的第一印象给遇见的人和事贴上标签，进行分类，然后再按照所贴的标签来下定义，做出判断。这样的方式常常指鹿为马，弄不清真相，往往会把我们带进沟里。在我的小说《天堂似人间》中，主人翁临死前，他心中先入为主认为天堂是一个充满阳光、没有秘密的地方，那里一切都平静、温暖、清晰、明朗，可是到了天堂之后，他才惊讶地发现天堂就像人间，错综复杂，充满了矛盾和曲折，也充满了惊喜，并不是单纯的乌托邦。

许多人用贴标签的方法来判断他人，比如，一提到自由派，就认为他们心肠柔软、敏感伤怀，而一说到保守派，就认为他们威严霸气、呆板严肃、自以为是。如果一个人公开承认自己无知，我们就觉得他一定很幼稚。而看见一个二手车的推销员，我们就认为他一定油嘴滑舌，嘴里没有半句真言。而涉及种族和民族时，我们往往会用那些种族或民族代表人物做标签来概括整个族群的共性。

虽然贴标签并非全无道理，但是它们通常都太过简单肤浅，在做比较和判断时无法掌握微妙的差异或相似之处。以此为基础做出的决定往往会以偏概全，潜伏着毁灭性的风险。

在我的悬疑小说《靠窗的床》中，主人公佩特里是一名年轻的警探，他就是一个典型。他在思考和判断时所表现出来的先入为主，使得他不断犯相同的错误，以至于几乎逮捕了无辜的人。他最初认为凶手是一名女护士，而依据仅仅是因为她与被害者有亲密关系。接着他又先入为主认为这个女子不可能爱上被害者，因为他是个畸形人，尽管事实上她非常爱他。最后，由于在这名女护士当班的时候，有比较多的老人去世，他又草率做出判断，认为那名护士是一个杀人狂，以慈悲为名来杀害病人。

在佩特里警探的先入为主中，最具讽刺性也最令人不解的是，他居然认为住在养老院里的人都是无法思考的老年人，因而没有与他们接触，结果错过了微妙的线索，忽略了显然的痕迹。

佩特里警探对于养老院病人的看法是以我自己的经验作为素材的。我的职业生涯开始于养老院，最初我戴着有色眼镜，先入为主认为养老院只是活死人的垃圾场。但慢慢地，我发现养老院中充满了有趣的人，他们的智慧、幽默和深度丝毫不亚于我们。就像我的第一手经验，佩特里警探最后终于学会看穿表面。他逐渐睁开了眼睛，明白草率思考只会把他带进死胡同。

当我们完全依赖先入为主和贴标签来思考时，我们的确是走进了死胡同。如果因为我写了心智成熟的文章，就先入为主认为我没有人性上的弱点，这就是一种草率的思考。一个人以美国人自居，因此就觉得自己比他人优越，这也是草率的结论。尤其在信仰方面，许多人习惯用标签与先入为主的印象来证明自己的虔诚。有人认为自己所属的教派一定是了解上帝的唯一道路，这是错误的，上帝一点也不在乎标签，他在乎的是实质。

为人和事贴标签，总会忽略很多问题，削弱我们思考的广度和深度。我们从贴标签所得到的许多刻板印象，让我们懒得质疑自己的判断，使生命停留在肤浅的层次。然而，如果因此就说，贴标签是完全不必要的，这样也很草率。科学家必须要给事物分类，才能通过实验，获得结果。教师必须明白，不是每个小学生都能成为伟大的作家，所以，他们会因材施教；父母必须能区分孩子之间的个性与喜好，才能满足不同孩子的需求，所以标签有它的作用。当标签有建设性时，它能帮我们迅速做出生死攸关的决定，例如你半夜在街上碰到一个持枪的歹徒，你不会傻傻地说：“嗯，让我先分析一下，然后再逃跑。”

日常生活需要标签来衡量事物。有时候，我们在对人和事没有更多了解的情况下，需要尽快做出决定，常常会采取贴标签的方法，这是可以理解的。但是，更多的时候，这种做法会导致错误。当我们使用标签来做判断，不公正地歧视他人——或为他人开脱——就是在远离事实和真相，这样做出的决定不仅害了他人，也害了自己。

## 混乱的思考和犯罪

如果我们足够诚实，就应该承认自己偶尔会有犯罪性的念头和思考，这是草率思考导致的一种混乱。对于犯罪性思考，我们研究的主要对象是罪犯。但是，监狱里的囚犯与我们之间只有一条模糊的界限，并不是泾渭分明，一清一浊。

犯罪性思考最大的特点是非理性，非理性的思考产生疯狂的决定，催生暴力的行为，最后走向犯罪。最常见的非理性思考并不复杂，这其中就包括草率的思考。草率的思考让行为变得盲目、冲动和莽撞。在这样的时刻，他们失去了理智，不会考虑事情的后果，也不会为自己的行为负责，贪图一时之快，最后沦为罪犯。

还有一种犯罪性思考特别突出，在人群中非常普遍，也极为嚣张，那就是贪得无厌的占有欲。有这种思考方式的人，他们会毫无顾忌侵犯他人的权利和财产，不会有丝毫的负罪感。他们这样思考出于两个原因：一是极度的自卑；一是极端的自大。

极度自卑的人由于出身和家庭的原因，会认为这个世界亏欠他们太多，而不会去反思自身努力的情况。他们总是抱怨缺乏机会，认为自己受到了不公正待遇。为了寻求心理平衡，他们会疯狂地选择偷窃、诈骗和抢劫，根本意识不到自己已经陷入了犯罪性思考。

同样，极端自大的人由于出身和家庭背景，会认为自己处处比别人优越，事事有优先权。所以他们应该拥有一切，享受一切，即使从别人手中夺取，也理所当然。追求美好生活不是问题，他们的问题在于试图通过歧视、压制和否定别人的方式去追求权利、财富和名誉，从而坠入了犯罪性思考。

草率的思考很容易演变为犯罪性思考。不管是大学教授，成功人士，掌管大型企业的高管，还是未受过教育、出身贫寒的穷人，只要他们不能进行完善和深入的思考，对社会都是一种潜在的危险。弗洛伊德说："没有一个没有理智的人，能够接受理智。"同样，**没有一个草率思考的人，能够处理好复杂的生活。**

## 混乱的思考和心理疾病

外面发生的事情并不能决定一个人的命运，如何看待和思考那些事情，才是决定命运的关键。所以，命运并不是从外面走进来的，而是从内部走出去的。

人生的绝大多数问题，都是内部思考方式的问题，正是由于思考方式的草率、混乱和有缺陷，才会导致外面的问题接连不断，困难重重。如果一个人看待事情的方式发生了变化，那么他的生活也会随之出现转机，而思考方式的完善往往会带来人生的突破和飞跃。相反，如果看待和思考事情的方式没有任何改变，一个人的生活也会原地踏步，裹足不前。

几年前我治疗过的一位病人，就是最典型的例子。他的思考方式最明显的缺陷，就是抗拒任何改变。我们生活在一个多变的世界中，必须保持内心的灵活和柔韧，才能在复杂多变的世界中生存。如果抗拒改变，墨守成规，内心的僵化就会与外界发生激烈的冲突，让人陷入烦恼、焦虑和抱怨之中。这个病人住在离我办公室约20分钟路程的乡村小镇。他每周来治疗两次，为期4年，花掉了他毕生的积蓄。这种时间与金钱上的投入似乎说明了他十分渴望改变。但是我发现实际情况并不是这样。

刚开始时，我给了他一张地图，告诉他有一条捷径可以直达我的办公室，能够节约不少时间和金钱。治疗进行了6个月后，一天，他抱怨开车来诊所太花时间了。我就说："约翰，你可以走捷径啊！"他回答说："对不起，我把地图弄丢了。"于是我又给了他一张。

大约又过了6个月，他又抱怨在路上耗费的时间太多。我问："难道你没有走捷径吗？"他说："没有，现在是冬天，我不想冒险走结冰的山路。"我问他是否又弄丢了地图，又给了他一张。

大约又过了一年，也就是接受治疗两年之后，他又开始抱怨。我再次问道：“约翰，你有没有尝试走捷径？”他说：“唉，我走了，但是没有节省多少时间。”于是我立即结束了当天的心理治疗，对他说：“约翰，起来，站起来。咱们要去做个实验。”

我让他选择记录或者驾驶，他选择记录。我们上了车，走了他平常的路，然后又走了那条捷径。走捷径省了约 5 分钟时间。我说：“约翰，我要对你指出一件事。你每次来我的办公室没走捷径，来回多花了 10 分钟，这两年你多走了约 2000 分钟的路，也就是 3 天。你浪费了 3 天的生命，也多驾驶了 1200 千米。不仅如此，你还说谎，掩盖自己的固执。”

又过了一年，也就是一共经过 3 年的治疗之后，约翰才终于对我说：“嗯，我想，我认为，我生命中的主要问题是逃避任何改变。”实际上，在我看来，这也正是他不愿意走捷径的原因。因为走捷径意味着他必须改变过去的方式，以不同的方式来思考和行动。在接受治疗方面，也是如此，虽然他开始承认自己有拒绝改变的毛病，但通过他使用的词汇——“我想”和“我认为”，以及他说话时的语气和面部表情，我很清楚地了解他内心的犹豫不决，他还没有足够的勇气，义无反顾去改变。这不是一个成功的案例，直到治疗的最后一刻，他仍然逃避改变，使自己继续挣扎在固执、僵化和冲突的泥潭。和约翰一样，有许多人都在逃避必要的改变和成长。他们不愿意改变自己的思考方式，重塑自己的思想，也不愿意去改变那些先入为主的偏见和幻想。

在我接受精神病学的训练时，精神分裂症被认为是一种思想失调。从那时起，我开始相信所有的精神失调都是思考的草率和混乱衍生发展而成的。有极端精神症状的人，比如精神分裂症，显然都是混乱思考的受害者，他们思考的东西与现实的距离非常遥远，所以无法处理日常的生活。与此同时，我们在生活和工作中，也都碰见过自恋的人，有强迫症的人，或者患有消极性依赖人格失调的人，虽然他们表面上看起来很“正常”，但实际上却是思考混乱的人：自恋狂无法体会别人的感受；强迫症无法思考大局；消极性依赖人格失调者无法独立思考。

这些年来，我所接触过的每一位心理有问题的人，都有某种程度的思考混乱。比如神经官能症患者遇到问题时，分不清哪些是自己的责任，哪些是别人的责任，总认为一切问题都是自己的问题，自己应该为所有的人和事负责，从而陷入深深的自责，让自己痛苦不堪。而人格失调症患者遇到问题时，也会陷入混乱的思考，认为一切问题都是别人的问题，自己一点责任都没有，是父母的问题，是老师的问题，是社会的问题，甚至是天气和运气的问题，自己一点问题都没有，把自己的责任推得一干二净，让别人痛苦不堪。

思考混乱的一个突出特征，就是把自己以为的当成是真实的，把心中的想象当成了真相。当然，我们每个人都有想象，健康的想象可以在最困难的时候给予我们希望，帮助我们渡过难关。没有对美好爱情的想象，我们就不会结婚；没有对未来的憧憬，我们就会失去前行的力量。绝大多数人都是在健康的想象中跨越过人生的沟沟坎坎，比如，我想，等我的孩子不用尿布了，照顾起来就容易多了；我想，等孩子们上学后，就会轻松一些；我想，等他们有了驾照，可以自己开车出门，我就有更多的时间做自己喜欢的事情了；我想，等他们结婚之后……这样的想象可以帮助我们成长。任何一个心理健康的人都需要想象，不过，他们能够清楚地区分哪些是现实，哪些是想象，不会把二者混淆。但是不健康的想象，则常常把这两者混淆在一起，把想象的东西当成是现实的，把现实的东西当成是想象的。

例如，一位 50 多岁的女性，始终把自己想象得像 30 岁那样年轻漂亮，虽然她的穿衣打扮和言谈举止可以模仿年轻时的样子，但是站在镜子前面时，看到脸上的皱纹和头上的白发，她就会感到莫名的悲伤和痛苦。对于这位女性来说，如果她继续停留在对过去的想象中，不面对现实，就永远无法获得晚年的优雅。

完善思考的核心就是努力接近事实，接近真相。即使真相充满矛盾，令人焦虑、恐惧和痛苦，我们也要有勇气去接纳和承受，而不能把自己囚禁起来，用一层一层的想象包裹自己，作茧自缚，与现实完全脱节。用想象代替现实虽然可以让人逃避现实中的痛苦，但是却会让人承受心理疾病的折磨。当我们极力逃避现实中的矛盾、焦虑、恐惧和痛苦的时候，我们不仅失去了心灵成长的机会，让心灵退化和人格萎缩，而且永远无法实现人生的超越。

## 独立思考的勇气

虽然我们常常因为草率的思考伤害自己，但有些时候，认真思考也会给我们带来麻烦。因为我们的认真思考会给别人制造问题，别人不希望我们认真思考，独立思考，把事情想得一清二楚。他们只希望我们一辈子听话，并对他们保持依赖或者恐惧，这样他们才能够更好地利用我们，控制我们。如果我们认真思考，对他们的动机和心思了如指掌，这会让他们感到惊慌和恐惧。

很多人绞尽脑汁想让我们相信他们的言论和观念，**如果我们不认真思考，就容易成为他们欺骗和控制的对象。**如果我们认真思考，知道了他们的伎俩，又很容易遭受他们的排斥和打击。不过，我们必须明白，认真思考是我们最大的资本，如果我们认真思考，而别人不喜欢，那是他们的问题，不是我们的问题。我们必须有勇气去这样想，这样做。

小时候，我的父母时常告诫我："斯科特，你想得太多了。"这是多么糟糕的一句话。相信许多父母都对孩子说过类似的话："你想得太多了。"人类之所以有大脑，就是为了认真思考，深入思考，独立思考，但是一些父母、雇主、老板和领导却认为是一种巨大的威胁，把我们当成危险的异类。所以，即使有些人能够认真思考，但也不敢把思考的结果说出来。

对于我的书，最常见的评价不是我有什么创见，而是我写了许多人一直在思考的东西。他们发现自己并不是孤独的，疯狂的。在一个草率思考泛滥、缺乏坦率和真诚的文化中，这无疑会给人莫大的安慰。的确，要有勇气才能与众不同。如果我们选择独立思考，不仅要承受思考时的烦恼和焦虑，还必须准备承受其他的打击，要接受被视为古怪与愤世嫉俗，甚至要接受被视为异类和神经病。但是，这是追求精神成长所必须承受的。

也许很多人要花一辈子时间，才能相信自己拥有独立思考的自由。因为在这条自由之路上有许多迷信和阻碍，其中之一就是，一旦成年了，我们就再也无法改变。**事实上，我们一辈子都能够改变与成长，即使很小的改变，也会让我们的人生变得比过去更加明亮。很多人在面临中年危机时，开始了独立思考；而对于某些人，只有当死亡悄悄逼近时，他们才学会独立思考；更悲哀的是，还有些人终其一生都没有独立思考。**

## 不确定的中间地带

有一句至理名言：**你想什么你就是什么，你是你思考的结果。你存在于你思考最多的地方；你不存在于你很少思考的地**

方。所以，从本质上说，我们喜欢思考什么，不喜欢思考什么，以及怎样思考，都能反映出我们最真实的面貌。如果我们习惯于草率的思考，那么我们就是一个肤浅的人，即使面对复杂的问题，也只想获得浅显的答案。

生活有三种情况：一种是好的，一种是坏的，还有一种是不知道是好是坏的中间地带。我们必须承认，现实生活中我们处在中间地带的时候很多，诸如要不要和那个人结婚，该选择何种职业，什么时候买房等，都具有很大的不确定性和风险，我们所做出的决定也都带有赌博的成分。虽然这种时候令人备受煎熬，却在我们的人生中十分普遍，因此，我们必须接受，必须学会在不确定的中间地带生活。

在不确定的中间地带，前景难料，我们常常会感到焦虑、烦躁，忧心如焚。但是，对不确定性和焦虑的容忍能够消除自以为是的偏见、假设和想象，让我们的内心变得坚韧起来，不再那么脆弱。每个人都是在不确定性和焦虑中成长起来的。没有谁的人生之路从小就被固定了下来，一成不变；也没有谁的内心一点焦虑也没有。

不能容忍不确定性和焦虑，我们对很多事情就会匆匆忙忙下结论，让思考变得草率和莽撞，以至于看不清真相。在《靠窗的床》中，佩特里警探就是这样，他不愿意忍受不确定的等待，急于想要得到结果，因而变得马虎和轻率。

还有另一种情况，由于我们永远无法确知是否考虑了所有的因素，所有的层面，总担心漏掉什么，还有什么没考虑进来，因而深思熟虑往往会导致优柔寡断。如果我们被这种担心折磨得寝食难安，以至于无法行动，那么我们很可能患上了焦虑症。但是，如果我们愿意承认我们并不是无所不知、无所不能的，我们就能在自省中放松下来，即使面对焦虑也能够衡量自己的思想和感觉，适时做出决定，坦然行动，勇敢地走向不确定的未来。

在不确定的中间地带，我们会怀疑，会反思。怀疑和反思是智慧的开端，可以让思考变得深入。在当心理医师时，我发现许多人固执地坚信他们童年时的信念，仿佛不依赖这些信念，他们就无法在世界上行走一样，只有当他们的信念被生活的铁锤砸碎之后，怀疑和不确定才会在他们的内心出现。这些人一般在经过了一两年的心理治疗后，会比他们刚来见我时还要沮丧。我把这种现象称为积极的沮丧，或者治疗性的沮丧。在这个阶段，病人会明白他们旧的思考方式不再有效，是愚蠢的，无用的，但是新的思考方式似乎又有点冒险，而且困难重重。他们既无法回头，也不敢前进，就处在这种“中间地带”。为此，他们感到焦虑、沮丧、左右为难。他们会问：“嗯，为什么要前进呢？为什么我要这么费力？为什么我要冒险改变信念？为什么不干脆放弃自己，自杀算了？活着有什么用，有什么意义呢？”

对于这些问题，永远没有简单的答案。在医学或心理学教科书中也没有答案，因为这些问题基本上是关于存在与心灵的问题。它们是对生命意义的追寻。虽然这个阶段病人痛苦万分，心理医生也很难处理，但却具有积极的意义，因为这种内心的挣扎会让他们的心智变得成熟，最终获得彻底的治愈。

在《少有人走的路：心智成熟的旅程》前言中，我写道：“我没有把‘心智’和‘精神’加以区分，因此，在‘心智的成熟’和‘精神的成熟’之间，我也没有做出明确的区分，实际上它们是一回事。”人们无法把思考——心智——精神这三者完全区分开来。当我接受心理医生训练时，业界对理论上的认知很不以为然，当时认为唯一重要的是精神上的领悟。仿佛理论上的认知没有多少价值一般。我赞同心理问题的解决必须在精神或者心灵上获得领悟，但是大多数案例表明，必须先有理论上的认知，才有可能获得精神上的领悟。

让我们以恋母情结为例。一个未解决恋母情结的成年人，除非他先在理论上了解恋母情结是什么，否则他很难获得治愈。

要成为心理健康的成年人，首先必须解决恋父恋母情结的困境，放弃对于父母的性欲望。如果是男孩，他会把母亲视为情爱的对象，把父亲视为竞争对象，而女孩则会把父亲视为情爱对象，把母亲视为竞争对象。这时候孩子会首次体验到失落，因为他们无法占有父母亲，被迫割舍对他们而言非常重要的事物。在我的经验中，未能适当解决恋父恋母情结的人，在后来的生活中很难割舍任何东西，在必须放弃的时候，他们的反应非常强烈，**难以割舍，原因就在于他们从未完成第一次割舍。**

一个从佛罗里达州搬到康涅狄格州来找我就诊的女病人，正好可以说明这个道理。她是《少有人走的路》的书迷，也有钱做如此的迁移。事后分析起来，我不该鼓励她搬这么远来就诊，因为她在当地也可以找到很好的心理医生。在对她的治疗中，最深入的一次是，有一天，她首次清楚表达了自己前来就诊的隐藏动机。那一天，我们会晤之后，她坐在自己的车中，趴在方向盘上抽泣着。“唔，或许等我克服了恋父情结后，”她喃喃自语，“派克医生就会娶我了。”我成为她生命中的父亲角色，替代了她永远无法占有的父亲。不久之后，她对我说：“也许你是对的，我是有恋父情结。”这个事例说明，如果我没有事先在理论上向她解释什么是恋父情结，恐怕我们就无法有这种进展。

另一个案例是一个对于割舍事物有困难的男人，他以前看过心理医生，但没有多少效果。他来见我时正深受折磨。他抱怨道，他有三个女友，他与三个人都有亲密关系，更复杂的是，他开始被第四个女人所吸引。他说：“派克医生，你不了解我有多么痛苦，多么艰难，多么可怕。你能想象吗？我要同时去参加三个不同的感恩节大餐。”

“那的确使你的生活有点复杂，不是吗？”我回答。

当时我已经不治疗患者，只是提供咨询。但是由于我还搞不懂这个人，就叫他回来做第二次咨询。在这期间，我开始怀疑他无法放弃女友，无法做出选择的原因，也许是他还没有解决他的恋母情结。等他回来第二次咨询时，我要他谈谈他的母亲。

他把她描述为惊人的美丽，并且一说起母亲，他就喋喋不休，停不下来。他在一家人际关系咨询公司工作，平常负责有关心理学方面的工作，尽管他的心理学背景十分丰富，但在情绪上却无法觉察自己的困境。当我问他："哈利，你知道什么是恋母情结吗？"

"每个人或多或少都有一点，是不是？"他回答说。

显然，他对恋母情结了解得还不是太多。一个人只有在理论上对恋母情结有所认识，才有可能在情绪上有所察觉。判断出他的问题后，我就介绍他去看别的心理医生，以帮助他解决自己的问题。

割舍，意味着改变，我们每个人都是在割舍中变得成熟，如果我们对过去的事情紧紧抓住不放，就无法走向未来。没有割舍，就没有成长，这也是混乱思考所要付出的代价。

## 思考与倾听

由于草率的思考，我们会变得肤浅、偏见和固执，无法很好地与他人沟通，以至于常常造成误会和冲突。在沟通中最重要的不是倾诉，而是倾听。如果不好好倾听，就无法真正沟通，而如果不认真思考，也就无法好好倾听。

我们每天都会说很多话，也会听别人说很多话，但是多数人未必懂得该如何倾听。很多人认为说话是一种主动的行为，倾听是一种被动的反应，这是错误的。倾听需要我们全神贯注，积极思考对方话中所要表达的意思，以及言外之意。毕竟语言是有缺陷的，并不能完全表达思想，更何况同一个词汇有多种含义，对方所要表达的与你理解的很可能不是一回事情，甚至截然相反。而沟通是心与心的交流，如果敷衍塞责，我们就无法通过语言了解对方的内心，让沟通变得深入，让双方达成谅解，让彼此心心相印。

良好的沟通需要我们集中注意力，认真倾听对方说的每一句话，甚至不放过对方说话时的肢体语言和面部表情。从这个角度来看，电话中的沟通是有缺陷的，因为我们无法了解对方的肢体语言，而网络中的沟通问题更多，因为我们不仅无法了解对方的肢体语言，甚至连声音的高低起伏都无从了解。所以，面对面的沟通永远是不可替代的。

一个善于沟通的人都知道倾听的重要性，而一个优秀的管理者，每天都会用四分之三的时间来思考和倾听，由于认真思考和主动倾听，他们说出的不是套话、官话和废话，而是能切中要害，说准问题的症结，或者说到下属的心坎上。这会提高他们的威信，增强别人对他们的信任。

**思考最忌讳的是草率，倾听最忌讳的是分心。**一边听着对方说话，一边看手机，或者干别的事情，常常会激怒对方。良好的倾听需要暂时放弃自我，放下自己的观点、立场和意愿，全身心进入对方的内心世界，去体会对方的所思所想和所感。在这样的时刻，倾诉者与倾听者融为一体，倾诉者敞开心扉倾吐，倾听者心无旁骛专注聆听，双方都能从中获得新的感受和领悟。倾诉者觉得自己被理解了，被接纳了，渐渐不再感到孤独和脆弱，而倾听者通过了解别人的内心也能拓宽自己的内心世界。正因如此，我在《少有人走的路：心智成熟的旅程》中说，真正的倾听是爱的表现，能够拓展双方的自我，把彼此紧密联系起来。

认真的思考需要我们克服懒惰、恐惧和焦虑，真正的倾听也是如此，我们必须控制住自己的不耐烦。很多人在倾听的时候分心，正是因为不耐烦，他们一边假装在倾听，一边急着转移话题，或者想着如何尽快结束。大多数人都愿意倾诉，不愿意倾听，或者只愿意听自己感兴趣的，对自己不感兴趣的则充耳不闻。实际上，这是内心的一种封闭和僵化。

正如思考的能力可以训练一样，倾听的能力也是可以培养出来的，但这绝不是一个轻松的过程。心理治疗的工作需要长时间的倾听，在这个过程中，难免出现分心走神的时候。身为心理医生，每当我分心之后，我都会对病人说："对不起，刚才我分心了，你说的话我没听清楚，你能重复一下吗？"头几次这么做的时候，我担心他们会怀疑我没有认真倾听，并因此生气，或者对我产生反感。但实际情况恰恰相反，他们对我更加信任，认为我大部分时间都在认真倾听。这样让我获得一个领悟：在倾听时分心是难免的，但倾听最重要的技巧之一，就是在分心时要觉察到自己的分心，并把自己的注意力及时拉回来。

还有一个领悟就是，当病人知道有人在真正倾听他们时，倾听这件事本身就具有治愈效果。在我治疗的病人中，大约有四分之一的病人，不管是大人还是孩子，在接受治疗的头几个月，当我还没有诊断出他们究竟患上了什么心理疾病时，他们的病情就出现了相当程度的好转，甚至奇迹般地自愈。这种现象有几个原因，但是我相信，主要是因为病人感觉他们得到了真正的倾听，这或许是他们几年来第一次被倾听，而对于有些人，甚至是一生中的第一次。

## 自由与思考

混乱的思考与清晰的思考有天壤之别。但是在心理治疗中有一条不成文的规矩：天下没有所谓的坏思想或坏情绪。我们只能对行为做出或好和坏的评判，而不能对思想和情绪也如此。如果有人想打你，然后他真的用一盏灯砸了你的头，这才是坏事，仅仅在脑子里想则不碍事。这就是思考与行为之间的差别，后者以行动来实现想法。在思想尚未付诸行动之前，几乎不可能评判一个人的思想。

这就带来一个问题：自由与思考的矛盾。为了获得治愈，我们必须让思想和情绪自由，能够自由地去思考一切事物，能够自由地释放情绪，不管这些情绪是阴暗的，还是阳光的。但是，这并不代表我们就应该大声说出每一个念头和滥用情绪，或者不顾后果从事破坏行为。

为了能思考与感受，人类必须是自由的；但自由是有条件的，缺乏纪律的自由会给人们带来麻烦。的确，能够自由思考是一种复杂的矛盾，完善的思考需要有限制的规矩，而不是所有的思考都是好的。**拙劣的思考会导致拙劣的行为。**就像社会中那些泛滥的思想，常常会让我们轻信、盲目、失去理智。我们需要时刻保持警惕，因为有充分证据显示，许多恶劣与极端的思想被诠释为好的思想，只是因为众人视之为理所当然。

凯特·斯蒂文斯有一首歌，名字叫《无法压抑》(*can't keep it in*)，结尾的歌词是：“说出你的坚持，坚持你的思想，思考一切。”我爱这首歌，但是当他唱到“思考一切”时，我感到有点怀疑。容许自由思考一切，令人有些担心。但是我相信，我们必须给人这种自由。同时，我们也必须承认，有了思考的自由之后，我们需要保持警觉，因为我们有可能做出正确的决定，也有可能做出错误的决定。所以，随着思想的自由，我们也需要容忍更多的不确定和焦虑。

我支持一位朋友所提出的建议，他想以象征性的方式来表达这些观念。他认为我们应该在美国西岸矗立一座责任女神像，好与东岸的自由女神像取得平衡。的确如此，我们不能分割自由与责任。我们有思考的自由，但我们必须为自己的思考负起责任。

## 时间与效率

思考需要付出艰苦的努力和大量的时间，但是随着生活节奏的加快，我们与问题接触的时间越来越短。我们想要快速地解决问题，快速地得到答案，而不愿意认真思考人生中必须思考的问题。不管时代发生了怎样翻天覆地的变化，如果这些问题没有得到深入的思考，我们的人生都是肤浅的，无法从这个世界上获得满意的存在感。即使我们富可敌国，或者高居庙堂，我们也会感到空虚、无聊，甚至抑郁成疾。

正如准备长途旅行，我们需要花时间仔细思考，并选择适合的路线。在生命的旅程中，我们也必须花时间思考自己的方向，到底要去往那里，以及为什么要去，应该如何去等。大法官奥利弗·霍姆斯说："最重要的不是现在我们所处的位置，而是我们前行的方向。"如果我们不花时间与这些问题深入接触，认真思考，它们就会像一座座大山一样横在我们面前，让我们的人生陷入困境。

草率的思考并不能解决内心深刻的危机，恰恰相反，正是因为忽略了生命中的不同层次，最后才会出现剧烈的危机。随着计算机的发展，有些人开始担心电脑会代替人脑，对此我一点也不担心，我更担心的是越来越多的人会像电脑一样思考，他们思考得很快，但却很草率，他们无视生命的意义和价值，无视人内心的那些美好的情感，诸如正直、爱、热情、同情心、勇气，以及追求梦想时的义无反顾，追求真理时的舍生取义。

草率的思考只能触及到心灵的皮毛，要深入心灵的深处，我们就必须耗费大量的时间和精力，我们必须在行动中思考，也必须在思考中行动。很多时候，我们在外面的世界慢下来，在内心的世界就能获得惊人的进步。在这方面禅宗表现出了卓越的智慧。禅宗不依赖外在的力量来完善自我，而是在不慌不忙中追求一种自我领悟，一种心灵上的完整。就我的经验，禅宗能够帮助我们克服内心的矛盾和冲突，对心理治疗具有十分巨大的作用。

我是个喜欢思考的人，每天都会花时间思考、沉思和冥想。我每天总共要花两个半小时，分为三段四十五分钟。这些时间中，不到十分之一是用来沉思，另外十分之一用来冥想。其余的时间，我都在思考，以便区分事情的轻重缓急，然后做出决定。我把这段时间称为冥想时间，这样就会得到身边人的尊重，不会轻易被打扰。我这样说，并不是撒谎，因为很多时候，我们很难区分思考、沉思和冥想，这三者的联系十分紧密。

在我看来，思考用的时间一般很短暂，如果用的时间很长，就是沉思，而如果你思考你的思考，这就是冥想。沉思和冥想是深入心灵的桥梁，能够挖掘事物的根本，直抵内心的深处，探讨和解决生命中最重要的问题。

我们生活在一个注重效率的时代，但是效率的提高不是来自于我们动作的速度，而是思考的深度。我们越是能够深入地思考一个问题，越能准确找到问题的症结，然后一举解决。相反，如果我们没等把问题想清楚，想明白，就急急忙忙行动，即使忙得团团转，也无济于事。

在我四处演讲时，时常有人问我："斯科特先生，你既要写作，又要演讲，还要为人父为人夫，甚至还要组织成立一个基金会……你是怎么做到的？”我的回答是，因为我每天至少花两个小时什么都不做——也就是说，我花时间把问题想透彻，弄明白事情的轻重缓急，做事就能变得更有效率。

事实上，任何人只要做到这点后，都能在更短的时间内完成更多的事。很多人在做事情的时候，都会出现两种情况：一是拖延；一是匆忙。拖延是害怕问题，懒得思考，磨磨蹭蹭。匆忙是草率的思考，急于求成。这两种情况都会导致低效率。要克服这些问题，我们就必须学会自律，既要避免贪图一时的享乐和安逸，耽误生命中的大事，也要防止导致的冲动、盲目和莽撞。

当然，有效率并不意味着要成为强迫症和控制狂，非要计划好生命中的每一分每一秒，这种想法是很荒唐的。效率就是去关注那些必须优先处理的事，免得日后变成更大的问题，带来不必要的伤害。效率不仅是计划，也是准备，更是有能力去面对生活和工作的不确定性。当紧急情况不可避免地发生时，我们要保持心灵的弹性和韧性，这样才能抵御来自外面的打击。

草率的思考是无效率的。拖延是想极力逃避问题，草率的思考也是不愿意与问题长时间接触，只想尽快摆脱问题的纠缠，不愿意忍受长时间思考问题所带来的烦恼和焦虑，结果欲速则不达，注定会让自己承受更多的烦恼和焦虑。草率的思考是心智不成熟的一种表现，这些人的心中存有妄想，认为只要自己尽快采取行动，问题就能迎刃而解，而他们解决问题的方法总是肤浅的、轻率的、机械的、不动脑子的，最终只能是毫无进展，困在原地。

草率与简洁并不是一回事情，草率是头脑追求肤浅的答案，而简洁是在深入思考的基础上，在区分了事情的轻重缓急之后，直奔主题，三下五除二，准确采取的行动。不简单的人往往做事都很简约，而草率思考的人做起事情来却常常很忙乱，很复杂。

## 正直的思考

有一位富有的股票经纪人，是一位白人。在谈到洛杉矶黑人罗德尼·金因驾车超速被警察殴打，最后法院判决警察无罪释放后所引起的暴动时，这个受过高等教育、聪明而成功的股票经纪人以肯定的语气告诉我，暴动的原因是“家庭观念的缺失”。这个结论是基于他看到暴动的人几乎都是没有结婚的年轻黑人。“如果他们都结婚生子，必须工作养家，就没有时间暴动了。”他解释说。

重视家庭观念的确是社会稳定的因素之一，但是这绝不是这次暴动的真正原因，真正的原因要复杂得多，就如同海浪的形成，一个因素叠加另一个因素，最后才导致巨浪滔天。我们不能用得出的结论去处理复杂的问题，必须一层层深入下去追根溯源，才能看清问题的根本。

**任何重要的事物都有多重原因。**追根溯源要求多层面的整合，才能弄清楚事情的来龙去脉，以及全貌。这是了解许多事情的必要条件。以多重层次的方式来认知事物，这也是正直思考的核心。正直（integrity）这个词来自于integer，意思是整体、完全。追求思想与行动正直，必须整合复杂世界的多个层面，甚至是一些相互矛盾的事实。心理学家把“整合”的反面称之为“区分”。区分就是把有关系的事物拎出来，放进脑海中隔离起来，使它们不要相互抵触，相互摩擦，相互矛盾，从而造成精神的紧张、压力和痛苦。在《不一样的鼓声》和《寻找石头》这两本书中，我讲述了一个故事。一个男人在礼拜天早晨去教堂，虔诚地相信自己爱上帝、爱万物，然后在周一工作时，却又会将工厂产生的有毒物质倾倒在河流中，没有丝毫负罪感。这是因为他把自己的信仰放在了大脑的一个隔间中，而把他的工作又放在另一个隔间中，相互分离，不会产生矛盾和摩擦。他就是我们所谓的礼拜天基督徒。这是一种内心没有冲突的舒适的生存方式，但不正直。

思想与行动正直，需要我们完全认识到相互抵触的想法与要求。我们需要问自己有没有被忽略的问题。我们必须超越草率的幻想与假设，去发掘被忽略的事物。在我接受心理学训练的早期，老师经常告诉我，病人没有说出来的通常要比他们所说的更重要。这是追根溯源寻找忽略事物的良方。例如，在心理治疗中，心理健康的人会以整合的方式谈到他们的现在、过去以及未来。而有心理疾病的人常常只谈现在与未来，绝口不提过去。因为他们把过去密封在了一个隔间中，这一部分一直没有被整合、没有被了解。心理治疗的目的，就是想办法打开他们的隔间，把他们的过去，更多的是童年经历挖掘出来，让他们成为一个完整的人。如果病人只谈他的童年或未来，心理医生就知道他一定眼前遇到了困难。如果病人绝口不提未来，就可以猜测他对于未来忧心忡忡，充满焦虑。

如果你希望能正直地思考，并且愿意忍受其中的艰难和痛苦，你就必然会遭遇矛盾。矛盾（paradox）的前缀 para 在希腊文的意思是“一边、沿着、相反”，字尾 doxa 的意思是“意见”。因此，矛盾就是“与日常生活相反的意见，或者相互冲突、难以置信或荒谬的观点，但事实上它们才是真实的”。如果一个观念具有矛盾性，就表明这个观念具有正直的成分，蕴含着事实的真相。反过来说，如果一个观念一点都不具有矛盾性，你就要怀疑这个观念是否整合到整体的层面。

以自由为例，如果思考自由不把责任考虑进来，对自由的思考就不是正直的思考，而是片面的思考。许多人之所以陷入偏见，就是因为他们不愿意接受矛盾，不能从整体上进行正直地思考。在现实中，我们无法只靠自己或只为自己而生存。如果我的思想足够正直，我必须承认，我的生命不仅依赖大地、雨露与阳光，还依赖农民、出版商与书店，以及我的孩子、妻子、朋友与老师们。千真万确，我不是一个独立的个体，我需要依靠，我需要依靠整个家庭、社会和宇宙。

如果整个面貌都没有忽略任何现实的片段，如果所有的层次都得到整合，你就可能会遭遇到矛盾。当你追根溯源时，几乎所有的真理都是矛盾的。例如，我既是个体，也不是个体，这是一个矛盾的真理。因此，寻求真理是要能够整合看似分离、相反的事物，事实上，它们是交织在一起的。现实本身就是矛盾的，许多关于生命的事物表面上似乎很单纯，其实很深奥。深奥并不是复杂，而是矛盾。如果我们能够接受矛盾，就能了解整体，并发现这样一个真理：整体具有伟大的简洁性。

《少有人走的路：心智成熟的旅程》中充满了矛盾。第一句话就是“人生苦难重重”，但是当我说人生痛苦时，并不意味着我们永远无法得到快乐。实际上，人生在充满痛苦的同时，也充满了幸福；在最困难的时候，也最接近希望。如果我只强调人生的苦难，而忽略了所有的快乐、善良和温暖，忽略了心灵成长的机会，以及生命宁静和美好的特质，那么我的思考就是草率的，不完整的，也是不正直的。的确，现实的神秘与矛盾在于，生命虽然会带来焦虑和痛苦，不过，一旦我们超越焦虑和痛苦，随之而来的就是无可限量的幸福和快乐。

对于矛盾的最高了解，是要能在心中掌握两种相互冲突的观念而不会发疯。身为心理医生，我不是随意地使用“发疯”这个字眼。不过，当一个人信奉的唯一真理遭受质疑时，他的确很可能会发疯。要能够在心中存放相反的两种观念，而不至于彼此隔离、自动否定或排斥异己，这的确需要我们的心胸足够宽广。我们时常有强烈的冲动想要否定任何难以接受的矛盾事物，譬如邪恶与善良共存于我们的心中。这种否定会让我们的内心变得舒坦，但是也让我们变得肤浅。因此了解和接纳矛盾的能力是必要的。

所有人都有矛盾思考的能力，但是我们忽略或使用这项能力的程度则相差很大。这不是由我们的智商所决定，而是由我们的态度所决定。如果这种能力不经常使用，就会衰弱退化，而越去使用矛盾思考的能力，它就会变得越强大。

毫无疑问，社会需要进行某些改变，来鼓励完善的思考。但同时，每个人都要为自己的思考负责，迎接这项挑战。不管是个人的心理疾病，还是根深蒂固的社会弊病，绝大多数都是草率思考带来的问题。完善思考可以治疗个人和社会的大部分病症。所以，我们必须为之付出努力，这是一个充满希望的事业。很久以前，我就听说过这样一句话：**“一旦心智开始扩展，它就永远不会回到从前的限制。”**

## | 第二章

# 意识与觉察

人类与其他动物最显著的区别在于，人降生时比较缺乏本能，而动物则具有强大的本能。由于我们不是与生俱来就知道许多事情，本能少得可怜，所以，我们被逼无奈，需要学习。我们必须学习如何生存，如何处事，才能应付复杂的生活。弗洛姆说："人在生物学上的弱点，恰是人类文化产生的条件。"

在人们有限的本能中，最主要的部分被称为反射动作，例如我们对于疼痛的反应。当你不小心把手放到一个火炉上，还没有感觉到疼痛之前，你就会立刻把手缩回。这是因为我们的脊椎有"反射神经弧"。疼痛的讯息会跳过神经纤维，直接来到控制动作的一端，不需要头脑的介入。但是如果疼痛过于强烈，头脑很快就会意识到它，于是我们在生理上和心理上都会体验到疼痛。

以目前的研究来看，意识相对集中在我们的脑额叶。如果脑额叶中患有脑瘤，首先会造成意识与警觉的衰退，降低解决复杂问题的能力。许多年来，患有精神分裂症的患者深受妄想的折磨，头脑中常常产生幻觉，他们在情感、思维和认知能力方面都出现了障碍。有一种治疗方法是，医生对病人进行前脑额叶切割手术。这项手术的步骤很简单，只是把脑部最进化的一部分——前脑额叶与其余部分的联系切断。也就是说，借助这项手术，医生把大脑中最进化或最具有人性的一部分解除功能。尽管这项手术受到质疑，但是在我的行医生涯中，我接触过几个接受脑额叶切割手术的病人，他们告诉我，这是他们这辈子所遇到最好的一件事，因为这项手术解除了他们好几年来的痛苦，但是他们所付出的代价是失去了一部分的人性：这些病人丧失了精细判断的能力。手术解除了他们的痛苦，但留下来的是更有限的自我意识，以及更狭窄的情绪反应。

## 亚当和夏娃的教训

人类学与神经解剖学的研究充分显示，所有的进化都是朝向脑额叶的发展，也就是意识的发展。在《圣经》与神话中也有许多关于人类意识进化的表述。《创世记》第三章可算是关于人性最复杂与最多层面的神话，也为意识的进化提供了一个大致的线索。这章中记载，上帝禁止亚当与夏娃吃知识树上的善恶果，但是由于受到了堕落天使的引诱，他们没能抵御住诱惑，犯下错误，并躲藏起来。当上帝问他们为什么要躲藏时，他们说因为他们是赤裸的。“是谁说你们是赤裸的？”上帝问。于是偷吃善恶果的事情败露。

在这里，吃了善恶果的第一个后果是，亚当和夏娃开始变得害羞，因为他们现在有了自我意识，觉察到自己是赤裸的。由此我们可以得出结论，内疚或羞愧的情绪是意识的表现。虽然这两种情绪超过了一定的程度都可以变成病态，但在限度之内，它们是人性最基本的特质，对于人们的心理发展与功能十分重要。所以《创世记》第三章是关于进化的神话，特别是关于人类意识的进化。神话是真理的一种化身。伊甸园的神话中就表达了这样一个真理：羞愧是人性最重要的组成部分。

我曾经接触过很多社会精英，他们的思考都很深入，每一位也都很害羞。其中有几位最初以为自己是不害羞的，但是当我们讨论了害羞的一些特征后，他们才知道自己其实是害羞的。而我所见过少数几个完全不害羞的人，都是受过严重心理创伤的人，比如那些接受过前额叶切割手术的人，或多或少丧失了一些人性。

**当人类有了自我意识之后，觉察到自己是分离的个体，便失去了与大自然万物合一的感觉，并为此感到失落。这种失落以被逐出天堂作为象征。有选择就有后果，人类选择了自我意识，不可避免地要为自己的选择负责。于是所有人便面临了这样的困境：我们被抛弃在陌生的荒原，生活在不确定性中，常常感到焦虑、恐惧和孤独。但是我们却可以凭借自己选择的自我意识，在艰难困苦中一步步获得精神的成长，努力实现超越。**

所以，我们的意识进化远比羞愧和内疚有更深远的意义。意识的进化在让人感到内疚和羞愧的同时，也赋予了我们自由的意志。这也是为什么人们认为上帝是以自己的形象创造的人。但是，当我们完全以反射动作或本能来行动时，我们是没有自由意志可言的。同样，当一个人被枪顶着时，他也毫无自由可言。“自由意志”，意味着我们可以自由选择我们的思想或行动。

《创世记》第三章说明人类的进化是向前的现象，我们是有意识的生物，不管如何变化，也绝对不会回归到无善无恶、无知无觉的混沌状态。伊甸园的大门有天使带着火焰之剑把守着，永远不准我们再回去。所以在许多方面，我们的意识既是祝福，也是诅咒。随着意识而来的，就是对善恶的觉察。我们需要沿着这条路继续前行，让意识进化到更伟大的状态。

## 善与恶

《创世记》前三章说的是万物衍生的过程，以及善与恶的起源。善是创造，恶是破坏。善与恶皆源自于人类的自由意志。一开始，行善的冲动就与创造本身有关。上帝首先创造了苍穹，觉得它很好，然后又创造了土地、海洋、植物、动物与人类，也觉得很好。这些故事充分反映了宇宙的起源。

接下来，男人和女人在伊甸园内和谐地生活着，与自然浑然一体，他们被禁止吃分辨善恶的智慧果，所以没有选择，没有自由意志，没有思考，没有善恶的概念。但是当人类违反了上帝的禁令，打破了与自然和谐的状态，有了自由意志，可以自由选择之后，便产生出了善与恶。如果没有选择，就不会有善，也不会有恶。自由意志赋予了我们选择善的自由，也赋予了我们选择恶的自由，而且选择恶的冲动丝毫不亚于选择善。

所以，随即在《创世记》第四章的故事中，“恶”就顺理成章，粉墨登场了。该隐是亚当和夏娃被逐出伊甸园后生的第一个儿子，出于自由意志，他选择了恶，谋杀了弟弟亚伯。当上帝问该隐，亚伯在什么地方？该隐以一个问题来回答上帝：“我不知道。难道我是弟弟的监护人吗？”显然，这是一句推托之词，代表了一种防卫性的思考，也是非常草率和肤浅的，几乎算是条件反射性的思考。我们可以了解，该隐谋杀了亚伯，因为他选择不去深思。有了自由意志，我们可以选择思考或不思考，也可以选择深入的思考或草率的思考。

但是为什么有人要选择深入的思考？而有人只选择草率的、肤浅的、反射性的思考呢？答案仍然是，尽管我们拥有意识，但我们也会与其他生物一样本能地逃避痛苦。人类有一种本能：我们会努力追求快乐，但更会不遗余力逃避痛苦。深入思考通常比草率思考更痛苦。当我们正直地思考时，我们必须担负起所有因果纠缠的压力。自由永远不会是无代价的，正直也永远不会是无痛苦的。痛苦是意识带来的，意识却无法避免痛苦。

在更进一步探讨邪恶之前，让我再强调一次，我们来到世上并不只是要去体验没有痛苦的生活，不是要永远舒适和快乐。实际上，痛苦的感觉总是伴随在解决问题的过程中，而意识增进的过程就像生命的成长一样，基本上是艰苦的。但也有许多益处，其中最大的益处是，自己将会变得更成熟，更有效率，对于不同的情况与日常生活的困境将有更多的方法可以选择。与此同时，我们将更能觉察到他人玩弄的伎俩，不会被人操纵，做出违背自己的事情。我们也将更能够选择自己的思想与信念，而不会落入大众宣传或他人的控制。

不幸的是，痛苦是意识不可避免的副作用。随着意识的发展，我们更能觉察到自己与他人的需要、负担与悲哀；更能觉察到衰老逼近的脚步，以及生命的短暂和有限；也更能意识到自己的罪恶和缺陷，以及这个社会的罪恶和缺陷。

因此，选择深入的思考，也就是选择接受伴随意识而来的痛苦。这项选择是如此重要，任何人都不能逃避，因为逃避意识带来的痛苦，往往会让我们承受心理疾病的痛苦。荣格说："神经官能症，是人生痛苦常见的替代品。"而替代品所带来的痛苦，甚至比人们要逃避的痛苦更为强烈，正因如此，心理疾病才成为棘手的问题。

毋庸置疑，意识会给我们带来痛苦，但是如果意识不进步，或者思考不正直，则会给我们带来更大的痛苦。我们的很多问题和很多痛苦，都是逃避问题和痛苦导致的。这个世界上的许多邪恶、不必要的个人痛苦，人际关系的伤害和社会的混乱，都要归咎于思考的混乱和意识成长的失败。

## 罪过与邪恶

我相信邪恶可以定义为某种特殊的心理疾病。就像其他心理疾病一样，我们应该对邪恶进行科学的研究。但是邪恶毕竟是邪恶。纳粹屠杀犹太人，美军屠杀无辜的越南村民，极端分子的自杀式恐怖袭击，以及联邦大楼爆炸案都证明了这一点。所以，邪恶并不是一种普通的心理疾病。

纵观当今世界局势，如果要做到正直的思考，就不能忽略现实中的邪恶。但是在美国有一种广泛的否认，许多人不愿意深入研究邪恶，或不愿意看清楚邪恶的真实面目。在报纸和电视上，我们常常把邪恶之人称为变态狂，认为这是病态人格的表现。身为心理医师，我知道很多患心理疾病的人，他们陷入内心的危机和冲突，让自己很痛苦，如果不寻求心理医生的帮助，他们很可能在焦虑、抑郁和痛苦中选择自杀来结束自己的生命。但是邪恶不是这样。邪恶恰恰相反，邪恶的人不会让自己痛苦，他们会让别人痛苦，他们会把别人当成替罪羊，让别人去承担他们的痛苦。虽然他们有的也会自杀，但是更多的是极力压制别人的生命，甚至扼杀别人的生命。

由于邪恶如此具有破坏性，所以，邪恶是终极的心理疾病。

将邪恶视为一种特殊的心理疾病，并不意味着邪恶的人不必为自己的行为负责。每个人都有自由意志，可以自由选择，我们可以选择思考，或者不思考。如果有人选择草率、混乱的思考，不愿意让意识成长，那么他们就必须为自己的行为负责，法律不应该把疯狂当成一种理由来为罪犯开脱。实际上，当我们能够选择时，我们就必须为自己的选择负责。

在这里，我们必须区分邪恶的人和平常犯罪的人。在我的心理医生生涯中，我花了一段时间在监牢里治疗罪犯。许多人会认为邪恶是属于那些被关起来的人，但是我在牢里很少碰到真正邪恶的人。虽然他们都具有很大的破坏性，时常犯罪，但是他们的破坏性有一种随机的性质。还有，他们对自己的罪行有一种坦然的特质。甚至不少人还认为他们之所以被抓，是因为太老实，他们是“诚实的罪犯”，而真正邪恶的人总是逍遥法外，在监狱之外。不可否认，他们这样说虽然有为自己开脱的成分，但我相信，他们大致说得没错。

的确，大多数邪恶之人，通常看起来都很平常，就住在附近——不论地区、不分贫富、不管教育程度，大多数不是刻板印象中的“罪犯”。他们时常是“踏实”的老百姓，与社会关系良好，表面上的言行都很得体。他们也许是小区中的活跃领导人物、教会学校的老师、警察或银行家、学生或父母。

在《少有人走的路 2：勇敢地面对谎言》中比利的父母就是这样的人。他们在正常的生活中犯下罪恶，我们却根本无法给他们定罪。比利的哥哥史都华 16 岁时用一把点 22 口径的猎枪自杀身亡后，15 岁的比利感到震惊，陷入了恐惧和痛苦之中。每当他回忆起自己与哥哥在一起的生活，特别是曾经与哥哥发生的那些小冲突时，他都会感到内疚，总觉得自己应该为哥哥的死亡负责。比利的这种心理反应很正常。如果我们身边亲近的人自杀了，只要我们是有良心的正常人，第一反应都会怀疑自己是否有错，没有尽到应尽的责任。

如果比利生活在一个健康的家庭中，他的父母会跟他谈论哥哥的死亡，让他知道史都华一定是有某种心理问题，他的死不是比利的错。但是他的父母并没有这么做。缺乏了父母的安慰，比利变得非常沮丧，他的成绩一落千丈，学校建议父母带他去看心理医师，他们也没有这么做。

他们所做的竟然是在圣诞节那一天，送给比利一把点 22 口径的猎枪作为圣诞节礼物，而且还正是他哥哥自杀时所使用的那一把。这其中暗含的信息实在令人不寒而栗。想到比利的沮丧，以及他的年龄，他对父母送的这件礼物肯定会做出这样的解读："收下你哥哥的自杀凶器，然后如法炮制，你是该死的。"当他的父母被询问到这项举动的可怕含意时，他们的答案正是典型邪恶之人的反应，极力否认与自我欺骗。"那是我们所能给他的最好礼物，"他的父母告诉我，"我们只是工薪阶层。我们不像你那样世事洞明，接受过高等教育，你不能期望我们会考虑得那么周到。"他们的狡辩令人憎恶，如果他们有良心，哪怕是有一点点反省精神，当我指出问题的严重性后，他们都会感到后怕和自责，但是他们却没有，我看不到他们对比利有任何愧疚感，这正是邪恶之人最典型的特征。

有罪过的人不一定是邪恶的人，因为我们每个人都曾做过错事，但并不能说我们都是邪恶的人。罪过不同于邪恶，这二者也不仅仅是程度上的差异，而是本质上的不同。

罪过最广义的定义是“偏离靶心，误入歧途”，也就是说，我们没能按照正确的路径行走，偏离了方向和目标，从而铸成大错。从这种意义上来看，没有正确做事，没有击中靶心就算是罪过。但是没有人每次都能正确地做事，完美无缺地击中靶心，这是我们自身的缺陷，毕竟我们不可能永远正确，永远完美，所以，我们每个人都有罪过。当我们应该发挥自己的能力却没有发挥，当我们本来可以做到更好，却由于一时疏忽，以至于遭遇失败之后，我们对自己或者其他人就犯了某种罪过。

当然，罪过有大小之分。欺骗富人似乎没有欺骗穷人那么令人憎恶，但是欺骗就是欺骗。在法律上，欺骗有很多种类：诈骗一家公司、谎报所得税、告诉太太你要加班却去偷情、告诉丈夫你没时间去拿他的衣服却花了一个小时打电话聊天。在这些行为中，有些是值得原谅——特别是在某些情况下——但是事实依然存在，它们全是谎言与背叛。

实际上，我们习惯性地背叛自己与他人。最糟糕的是一些人公然无耻地这么做，甚至无法自我控制。其他较高贵的人则暗中进行，还以为自己并没有这么做。但是不管有意识或无意识都无关紧要，背叛还是发生了。如果你认为自己足够谨慎，永远没有做过这种事，那么问问自己，有没有在任何情况下欺骗自己，你就会明白你的罪过。如果你不明白，那么你就没有对自己诚实，这本身也是一种罪过。

因此，我们全都是某种程度有罪过的人。但是要判断一个邪恶的人，不是通过他的行为，而是通过他的心。邪恶的人心中没有内疚和自责，更没有负罪感。他们不承认自己有罪过，而是用各种各样的谎言极力狡辩和隐瞒，就像比利的父母。没有内疚的人没有廉耻，他们失去了人性，能够干出你想象不出的坏事来。

所以，没有负罪感的人是最邪恶的人。

## 阴　影

荣格把人类邪恶的根源描述为“拒绝面对阴影”。荣格所谓的“阴影”指的就是在心灵中，我们不愿意承认的那一部分，我们一直把这一部分藏匿在意识的地毯之下，不让自己或他人知道。

当我们被自己的罪过、挫败或缺陷逼到墙角的时候，大多数人都会承认自己的阴影。但是荣格使用“拒绝”这个词，是指较为激烈的行动。那些跨越了罪过边界而进入邪恶之境的人，最显著的特征就是拒绝接受任何罪恶感。他们不是没有良心（意识），而是拒绝承受良心的痛苦。也就是说，不是罪恶本身，而是拒绝承认罪恶，才使他们变得邪恶。

事实上，邪恶的人通常是非常聪明的，能够意识到绝大多数的事物，但是他们却不愿意承认自己的阴影。**关于邪恶最简短的定义是“霸道的无知”。更确切地说，邪恶不是一般的无知，而是对于阴影的霸道无知。**邪恶的人拒绝承担内疚的痛苦，不容许阴影进入意识之中，让自己“面对”它。相反，他们会丧心病狂用谎言掩盖自己的阴影，甚至不惜霸道地摧毁他们罪恶的证据，或者毁灭任何揭发他们的人。破坏行动一旦实施，他们就成了邪恶本身。

罪恶感虽然时常被视为一种“缺点”，但事实上在许多方面，它是一种恩赐。真实地觉察到自己个人的缺失，我称之为个人的罪恶感。觉察人类是天性懒惰、无知、自私的生物，习惯性背叛造物主与自己的同类，甚至违背自己，这不是很愉快的觉察。但很矛盾的是，这种不愉快的觉察，却是人类所能拥有的最宝贵的恩赐。尽管不愉快，但正是有了这些适当对罪恶感的觉察，才使我们的罪恶不会失去控制。对抗我们本身所具有的恶的倾向，最有效的防卫就是对阴影的察觉。

要变得更有意识（良心）的众多理由之一，就是为了避免变得邪恶。所幸只有极少的一部分人才代表真正的邪恶。但是仍有很多程度较轻的心理疾病正在泛滥，它们虽然不是邪恶，却也能反映出我们对于面对阴影的抗拒。传统的弗洛伊德心理学教导我们，大多数的心理失调是根源于隐藏的情绪——愤怒、被忽视的性欲等。正因如此，心理疾病被大多数心理学家划分在潜意识的范围，仿佛潜意识是精神病理学的基础，而病征就像是地底下的恶魔跑出来折磨地面上的心灵。我的观点则刚好相反。

我相信所有心理上的失调，基本上都是意识的失调。它们不是源于潜意识，而是源于一个有意识的心灵拒绝去思考，不愿意面对某些问题，忍受某些情绪或痛苦。这些问题、情绪或欲望之所以存在于潜意识中，只是因为逃避痛苦的意识把它们藏匿在了那里。

当然，能在日常生活中活动的人，没有一个会不健康到没有意识的地步，也没有一个会健康到拥有最完整的意识。意识有数不清的程度之分，视个人的努力而定。但是意识的程度非常难以衡量。即使有标准心理测验来衡量心理的健康程度，也很难决定真实的意识状态。我们可以从个人的行为来臆测。但是衡量意识最好的方式，也许是观察这个人平常思考方式的一致性。例如，一个倾向于草率思考的人，其意识程度就比一个正直思考的人要低得多。

思考与意识紧密相连，它们之间是一种复杂的平行的关系。意识是所有思考的根源，而思考是意识进步的基础。一旦思考有所败坏，在意识上也必有同样的失误。因此，一切人类行为——好的、坏的、漠不关心的——都根据思考与意识的参与或缺乏程度而决定。

人们时常问我："派克医生，如果我们都有某种程度的神经官能症，没有人拥有完整的意识，那么如何才知道什么时候需要接受治疗呢？"

我的回答是："当你被'困住'时。如果你能成长就不需要治疗。但是如果停止成长，被困在原地打转，显然是处于无效率的状态。当自己缺乏效率时，就不可避免会丧失成长的力量。"所以追求意识的进步还有另一个理由，它是精神成长的基础，经由这种成长，我们才有更大的能力。

## 意识与能力

虽然我们具有维持生计所需的基本能力与天赋，也能解决一些问题，但是处理人生问题的真实能力则更为复杂。在意识的发展上，这种真实的能力会得到迅猛的提升。真实的能力不仅仅是知识的积累，更是智慧的完满，是在努力实现了精神成长和心智成熟之后，获得的个人力量。

许多人不需要食谱就能烹调，或不需要手册就能修理汽车，或者拥有超人的记忆力，能快速对事情做出反应。但是由于在思考上缺乏或不愿意采取更广阔的视野，所以他们无法以创造性的方式来处理不同的情况，当碰上不符合预期模式的情况时，他们就会遭遇失败。一个能轻松修好汽车的人，面对更复杂的情况，比如教育孩子，或者处理夫妻关系，他们常常会感到束手无策，完全无能为力。

实际上，一个人就算在某些方面很有能力，在其他方面则不一定。在我的书《靠窗的床》中的主角之一希瑟，是一名能干的护士。她能够认真思考，待人接物也十分周道，是全疗养院中最受欢迎的员工。但是她的私人生活则一塌糊涂。她不具备选择男友的眼光，常常让自己陷入被羞辱，甚至被虐待的境况。这都是由于她对于男人的不良判断所造成的结果。在工作上她是个杰出的护士，但在生活中她却是个糟糕的女人。希瑟是心理学家眼中最明显的例子，她同时拥有"无冲突的自我区域"与"强烈冲突的自我区域"，在某些方面她的意识十分清楚，但是由于心理上的冲突，在其他方面她的意识就非常草率和混乱。

许多人对自己这种不平衡的意识状态感到困惑。他们可以像希瑟一样，去寻求心理治疗来结束这种折磨。有些治疗也许很快就有效果，而另一些则十分缓慢，他们会发现即使心理治疗也不是万灵丹，无法消除意识成长中的痛苦。

在我的心理医生生涯中，我经常告诉病人："心理治疗不是关于快乐，而是关于力量。就算你走完治疗的全程，我也无法保证你会更快乐一点点；我能保证的是，你会感觉更有能力。"我又会说，"世界上正缺乏有能力的人，所以当你更有能力时，生命就会给予你更大的责任。你离开诊所之后，也许会为更大的问题担心和焦虑，但是知道自己是在担心更大的问题，而不是斤斤计较鸡毛蒜皮的小事情，这就能带来一些快乐与平静。"

有人曾经问弗洛伊德，心理治疗的目的是什么，他说："使潜意识成为意识。"这也是我们一直在探讨的：心理治疗的目的就是帮助病人更有意识，使他们的思考更清晰，工作更有效率，能力变得更强。

基于现实的考虑，我们要记住，所有的恩赐都是潜在的诅咒，意识与个人能力都伴随着痛苦。衡量一个人是否伟大的最好方法，就是看他忍受痛苦的能力。肯塔基大学医学院心理学教授阿诺德·路德维希在《伟大的代价》一书中，充分强调了这个观念。他的书以一项为期十年的研究为依据，调查了20世纪1004位著名人物的生活，其中包括艺术家、作家、发明家与其他富有创造性的人物。路德维希探讨天才与心理健康之间的关系，他表示这些伟大的天才们都有一种抛弃旧观念的倾向，反抗现有的权威，非常能够忍受孤独、寂寞和痛苦，以及具有一种“心理上的焦虑和不安”，如果这些问题处于不致产生疾病的程度，反而可以增进个人的创造能力，开拓新的领域，提出新的思想。

对于很多人来说，他们必须接纳自己的平凡，才能变得出众，但是对于另一些人，他们则必须接纳自己的出众，才能避免平庸。有些人原本天赋英才，但却害怕出众，总是把自己隐藏在人群中，不愿意承认自己比其他人优秀，这会让他们无视自己的能力，变得庸庸碌碌。

一个名叫珍的女子就是很好的例子。她是个年轻、聪明而又漂亮的大学生，就读于商学院二年级，因为极度焦躁前来就诊。她觉得她所约会的对象都非常无趣，她的教授们似乎都很浮夸，而她的同学们（包括女生）都气度狭小，缺乏想象力。

她一点也不知道问题出在什么地方，但是她很聪明，知道自己事事不耐烦，常常焦虑，一定有什么不对劲儿的地方。

经过几次常规的诊疗后，她绝望地叫道："我觉得我在这里只是发牢骚，我不想做个无病呻吟的人。"

"那么你必须学会接受自己的优秀。"我回答。

"我的什么？你这话是什么意思？"她有点惊讶，"我并不优秀。"

"你想过没有，你所有的抱怨——或者牢骚——都有可能是正确的。你的约会对象也许真的不如你聪明，你的教授的确很浮夸，你的同学不如你有趣。"我说道，"换句话说，你的所有困扰都是因为你感觉——或者你真的是——要比大多数人优秀。"

"但是我不觉得自己优秀。"她沮丧地说，"这就是问题所在，我不应该觉得优秀，因为每个人都是平等的。"

我扬了扬眉毛问道："是吗？如果你相信所有人都像你一样聪明，那么当他们表现不那么聪明时，你就不会被激怒，或者对他们感到失望。"

接下来的几个星期，对珍来说是一段难受的考验。尽管她不愿意出众，但是她知道我说的是正确的。她必须接受自己的出众和优秀，而又不能自大狂妄，自以为是。对此，她心怀恐惧，毕竟做个平凡人要容易得多。如果她真的比较优秀，势必会忍受孤独。如果她真的出类拔萃，她肯定会比别人承担更多的责任，承受更多的痛苦。她感叹道："为什么命运要挑中我？这是恩赐还是诅咒？"

当然，我无法回答她的这些问题，但是让她觉得安慰的是，我认为她提出的问题都是非常真实和重要的。后来，她逐渐接受自己的不平凡，并明白这既是受到恩赐，也是诅咒；既是祝福，也是负担。

伴随意识的进步和个人力量的增加，人们除了忍受焦虑，必须在焦虑中成长之外，还将忍受另一种痛苦，这就是超越了文化禁锢和草率思考后的孤独。在历史上，这样的人并不多，例如苏格拉底和耶稣，他们就超越了当时的文化禁锢和草率的思考。现在，由于社会的进步和心理治疗的影响，我估计在美国就有成千上万的成年人站在了最进步的前沿。这些人的完善思考足以挑战世俗的非理性思考。为了成长，他们质疑盲目的爱国和忠诚，冲破文化的限制和禁锢。他们不再相信从报纸、杂志和电视上看到的东西。他们追寻真相，挑战着社会与媒体所推动的“正常”幻象。他们表现出勇气，不再被周围的草率思想所欺骗。他们重新定义“家庭”，不仅是血缘的亲戚，还包括志同道合的同伴，这些人都分享着相同的生命态度，以追求精神成长为目标。

在追求更高意识的过程中，许多人会体验到一种自由解放的感觉，成为更真实的自己。他们的知觉源于永恒，而意识的进化也促进了他们精神的成长。但是他们也付出了相应的代价，因为他们走上了一条焦虑、孤独与寂寞的旅程。深刻的思想家由于不断前行，思想长期处在不确定的未知地带，所以，他们必须忍受适当的焦虑。与此同时，他们还会时常被草率思考的大众所误解，感到孤独和寂寞。许多拥有高级意识的人不会轻易接受社会上所盛行的“得过且过”心态，于是他们难以配合潮流，别人也难于了解他们或与他们沟通。他们必须付出的代价是，至少会与部分家庭成员有所隔阂，与老朋友或文化习俗断绝关系。

这些出众的人来自五湖四海，他们也许富有，也许贫穷；也许是白人，也许是黑人；也许受过高等教育，也许没有，不过，他们的共同点是都具有非凡的能力。但是，鹤立鸡群并不是一件容易的事情，因为出众的人常常会被人误解、怀疑和恐惧，需要具有强大的内心力量才能支撑。如果他们的心灵没有成长，心智不够成熟，他们就无法克服内心的焦虑、恐惧和孤独，从而选择轻松安全的老路，以停滞来取代成长。

例如，越战时期，我在陆军担任心理医生时，经常为一些黑人士兵做心理鉴定，虽然他们有足够的智力回答复杂的问题，但是他们却会选择装傻充愣。其中有些人是陷入了草率的思考，有些人是很有能力，但却想极力逃避自己的责任。基于这样的原因，许多人或多或少会阻碍意识的发展，因为他们觉得这样生活比较容易。就算他们会宣扬意识成长的重要性，但他们的言行也并不一致。

## 死亡的意识

还有一种由意识所带来的痛苦是如此剧烈、重要，值得更进一步探讨，这就是对于死亡的意识。假设人类比其他动物更有意识，人类是唯一知道自己必死的生物。这不仅是人类的特质，也是人类的困境，因为这种意识特别痛苦。

大多数人都不愿意直接面对自己的死亡问题。他们极力逃避，不惜一切代价也要将死亡的意识排挤出去，哪怕是面对最细微的死亡提醒，比如一片叶子落下来，他们就不愿意由此展开对死亡的思考。欧内斯特·贝克在他的经典之作《否认死亡》中指出，这种否认死亡的态度也会以种种隐约的方式引导我们走向邪恶，诸如用替罪羔羊或活人祭祀等仪式，希望死神能放过他们。

与人们不愿意面对死亡相同，人们也不愿意面对变老。我在《寻找石头》一书中写道：没有人喜欢变老，因为变老是一种逐渐被剥夺的过程。在退休前几年，有四个情况很相似的女性前来找我就诊，她们大约都是六七十岁，抱怨的不外乎是：对于变老感到沮丧。她们都很有钱或嫁给了有钱人，子女也都各有成就。她们的生命仿佛都按照一个好剧本在上演，但是她们却无法阻止变老。现在，她们需要助听器，或者假牙，或者需要做股关节更换手术。这不是她们所希望的，于是她们感到愤怒与沮丧。

我想不出其他办法可以帮助她们，唯有试图说服她们相信，变老并不是人生毫无意义的阶段，也不是只能无奈地看自己逐渐凋零。事实上，变老也是生命的一段心灵历程，一个准备时期。我告诉她们："人生剧本不是由你们写的，生命不只是你们自己的表演。"其中两个不久就离去了，看来她们宁愿继续沮丧，也不愿面对事实。

另一位老妇人是很虔诚的基督徒，但是两只眼睛都患有视网膜脱离症，是百分之九十的眼盲，她对自己的遭遇感到愤怒，尤其怨恨那个眼科医生，他没能用先进的技术治好她的疾病。在我们的谈话中，不久便浮现一个主题："我痛恨必须靠人搀扶才能离开座椅，或扶我走下教堂的台阶。"她大发牢骚，"我痛恨被困在家里。我知道有许多人愿意带我出去，但我不能一直要求朋友开车载我。"

我告诉她，她应该为过去的独立自主感到自豪："你一直是一位很成功的女性，我想你应该感到骄傲。但是你要知道，现在的旅程是从这里走向天堂，旅行最好的办法是轻装远行。我不知道你带着这么多骄傲，是否能成功地抵达天堂。我察觉，你把眼疾视为一种诅咒，但是你也可以把它视为一种祝福，用来帮助你放下那些不再需要的骄傲和负担。除了眼疾，你大致都很健康。你大概还有十几年时光可以好好生活，是带着诅咒还是祝福的心情来过这段日子，由你自己决定。”

在生命的黄昏，一个人能不能发生转变，要看他是否学会把诅咒看成祝福，把变老看成一个准备时期。准备什么呢？很明显，准备迎接死亡。不知死，焉知生。有些人比其他人更有勇气去面对死亡这件事情。我先前所提到的老妇人接受我的建议后，开始慢慢面对死亡。她为期四年的沮丧在第三次诊疗时开始减轻。但是大多数人不会这么容易获得改变。在面对变老和死亡的过程中，有些人甚至会选择自杀，因为他们所设想的变老和死亡过程是令人羞辱的、沮丧的，无论如何他们都无法忍受这种被剥夺的过程。

对于我和有些人而言，心理上的剥夺比身体上的剥夺更痛苦。丧失了所崇拜的英雄、导师和兴趣，会让我们感觉空虚。剥夺了想象会让我们倍感受伤。我不确定我会不会像前面所描述的盲眼妇人那样优雅地变老，但我确定如果没有精神上的超越，我绝对无法应付变老和死亡。我会在焦虑和恐惧中变得疑神疑鬼，尖酸刻薄。但是，如果我能从现在开始就拿出勇气面对变老和死亡，那么我的心灵反而能随着身体的衰老而不断成长，直到足够有能力坦然去面对死亡。

迈向心理健康的道路是承认死亡，而不是否认死亡。在这个课题上我所读过的最好的书，是约瑟夫·夏普写的《生活在死亡的边缘》。与我一样，他相信死亡不是意义的剥夺，而是意义的赋予。不管我们是年轻还是年老，对于死亡的意识能够引导我们走上追寻意义的道路。我们也许会在焦虑和恐惧之下抓住某种草率的、二手的信仰，来逃避思考死亡。这种信仰也许能暂时让我们感到安全，但是它们就像廉价的旧衣服，只能充充数。一种真正成熟的信仰，是以死亡的神秘作为开始，在死亡面前追寻个人生命的意义。你无法让别人替你来追寻。

在追寻的过程中，我们必须承认改变的必要，我们要常常调整自己的思想与行为——尤其是当我们感觉最舒适的时候，也是最需要改变的时候。改变给我们的感觉就像死亡，因为这意味着旧习惯和旧思想的死亡。我曾引述古罗马哲学家塞内卡的话：“我们终其一生必须持续不断学习生存，而令人惊讶的是，我们也必须持续不断学习死亡。”这种学习可以让我们在死亡到来时，有意识地放弃对生命的执着，大踏步走向未知的未来。

## 只管努力，不要操心结果

我说过，心理困扰多半源于意识，而非潜意识。那些“讨厌”的东西会躲藏在潜意识，因为我们的意识拒绝面对它们。如果我们能面对这些不愉快的事物，那么我们的潜意识就能成为充满喜悦的乐园。我相信宇宙人生的秘密都可以透过潜意识显示出来，只要我们愿意坦然面对潜意识，发掘它的智慧。

精神的成长可以定义为“意识的成长”，或者“意识的进化”。意识会朝着什么方向成长和进化呢？我认为是潜意识。潜意识是意识成长和进化的方向。潜意识蕴含了宇宙人生所有的秘密，它浩瀚无边，深不可测。意识的成长和进步，其实就是逐渐认同潜意识里的东西。心理医生对这种情况十分熟悉，因为心理治疗的过程，就是使潜意识层面的内容浮现到意识层面的过程。换句话说，心理医生的职责，就是扩大患者的意识领域，使其范围和方向与潜意识领域更为接近。当意识与潜意识融为一体的时候，我们的心就是宇宙的心，宇宙的心就是我们的心，我们可以用宇宙的心来思考，来倾听，从而揭开人生的秘密。

有一位年近40岁的女性，她患有焦虑症，整天忧心忡忡，还会感到莫名的恐惧。与她接触过几次后，我发现她焦虑和恐惧的主要原因是缺乏信任。在生活中，我们必须去信任一些东西，坐飞机时，如果我们不信任飞行员和飞机制造商，我们就会担心飞机掉下来，诚惶诚恐；进餐馆时，如果我们不信任那家餐厅，总担心食物不干净，我们就无法踏踏实实用餐。同样，我们也必须信任自己的潜意识，就像信任飞行员一样，相信它能够安全地把我们带到自己想去的地方。但是，这位女性却缺乏这样的信任，她只相信自己的意识，对潜意识了解得不多。她跟我说，几天前的早上发生过这样一件事，她正在镜子前涂口红，准备出门上班：

> “这时，一个‘寂静、细小的声音’在我的脑中响起——‘去跑步。’”她摇摇头，想要甩掉这声音，

但是这声音变得更强烈。

“这真是荒唐。”她一边自言自语，一边回答那声音，“我在早上从不跑步的，我只在黄昏时慢跑，况且我要去上班。”

“不管如何，现在去跑步。”那声音坚持着，她考虑之后，知道那天早上晚一个钟头上班也没关系。所以她听从那个声音，换上慢跑鞋去跑步。

当她在附近公园跑了 1.5 千米后，她开始觉得奇怪，她并不是很享受这趟跑步，甚至不知道自己为什么要出来跑步。这时候那个声音又出现了：“闭上你的眼睛。”它命令道。

“真疯狂，”她反驳道，“跑步时不能闭上眼睛。”不过，最后她还是服从地闭上眼睛。跑了两步后她惊恐地睁开眼睛，但是她仍然在跑道上，一切运转良好，天没有塌下来。那声音又叫她闭上眼睛。最后她能够闭着眼睛跑上 50 步，不会离开跑道或跌倒。这时候那个声音说：“今天这样就够了。你可以回家了。”

这位女性说完这个故事后泪眼盈眶：“想想看，这不正是潜意识给我的启迪，它想告诉我，不必整天为前途忧心如焚，恐惧不安，我应该信任它。”

正如这位女性的经历所显示的，潜意识始终是我们心中的神，总是在最料想不到的时候，对我们说话，给我们帮助与启迪。

梦是潜意识的馈赠，它的许多想法都会通过梦表现出来，给我们以指引。我经常在梦中接受潜意识的暗示和引导。记得那是《少有人走的路：心智成熟的旅程》刚找到出版商之后，我觉得自己应该出去度个假，但是我不想到海边，所以我选择在一个修道院待了两个星期，这是我第一次躲清静。在安静的修道院，我思考了很多事情，其中最多的是关于未来的。我想万一我的这本书成为畅销书，我该如何应对呢？我是应该放弃清静独处，去巡回演讲，还是像《麦田里的守望者》的作者塞林格一样退隐山林，不公开电话号码？我不知道我要怎么做，我也不知道潜意识要我怎么做，这似乎是个很大的决定，所以我希望在安静的神圣气氛中，能够从潜意识那里得到一些启示。于是我做了一个梦。那个梦虽然乍看起来很隐晦，但给了我生命一个重要的启示。

在梦中，我看到一个中产阶级家庭。这个家庭中有一个 17 岁大的男孩，还有两辆车。男孩是高中的班长，将会在毕业典礼上致辞，也是高中橄榄球队的队长，长相英俊，而且他也有驾驶执照。以年纪来说，他算是个非常有责任、成熟的司机了。但是他的父亲却很怪，不准他驾驶，却坚持要开车送他去所有他想去的地方，例如打球、打工、约会或参加毕业舞会。更过分的是，这位父亲坚持儿子每个星期从他打工赚来的一百元中拿出五元给他，算是开车载他的酬

> 劳。但开车是男孩自己有能力去做的事，为什么还得付父亲酬劳呢？

我从梦中醒来后，感到非常气愤，这个父亲是个多么独裁的怪人！我不知道要怎么看待这个梦。它似乎毫无道理可言。但是三天后，我把它写了下来，当我读了我的文稿，我发现我把“父亲”这个字的前缀 f 都大写成 F。于是我对自己说：“你想这个梦中的父亲会不会是天父？如果是这样，梦中十七岁的男孩会不会是我？”然后我终于明白我得到了一个天启，潜意识在告诉我：“喂，斯科特，你只管付钱，驾车是我的事情，就让我来。”

不错，对于那时的我来说，未来是不确定的，在憧憬中也不免有些焦虑，而潜意识通过这个梦告诉我：你只需要付出努力，不用操心结果；你应该把自己交出去，安静地坐在副驾驶的位置上，信任潜意识，因为它可以把你带到你想去的任何地方。

实际上，在我们的一生中很多事情都是不确定的，也不是我们能左右的，我们能够做的就是付出努力，然后坦然等待命运的来临。

I 第三章

# 学习与成长

生命的意义究竟是什么？

我相信我们活着是为了学习，也就是说为了进化。我所说的“进化”就是进步。学习是向前进，而不是向后退。生命充满了变化、不确定与艰辛的课程。在失意的时刻，生命会受到磨砺和打击。苦难是一所很好的学校，可以教会我们很多东西。荣格说：“没有痛苦，就没有意识的唤醒。”学习是思想与意识纠结的复杂过程。学习既不简单，也不直接。学习也充满了神秘。

我的主要身份是科学家，而科学家都是实证主义者，相信通往知识最好的路径是通过经验。换句话说，经验是最好的学习方式，但是显然不是唯一的方式，所以我们科学家会进行实验或控制经验来得到新知识，并找到世界的真相。

同样地，我又是一名心理医生，每天都会接触病人，听他们谈论自己的梦境，努力去了解潜意识的启迪。我相信心灵是十分复杂的，也是十分神秘的。我们为什么会有潜意识？潜意识为什么能够超越时空，预测出几个月、几年，甚至几十年之后的事情？心灵感应究竟是怎么回事情？我们为什么会相信上帝？

荣格 83 岁时，有人采访他：“你相信上帝吗？”

“相信上帝？当我们认为某种事情是真实的，但却没有实质证据时，我们才使用‘相信’这个词。不，我不相信上帝，我只知道人们的心灵需要一个上帝。”荣格一边抽着烟斗，一边回答说。

## 修炼灵魂的山谷

诗人济慈说，生活是一条修炼灵魂的山谷。他写道：“世界如此需要痛苦和麻烦，来练就一份智慧，将之锻造为灵魂。世间即一所学校，人心在其间用上千种不同的方式体会受伤。”

世界是人类学习最理想的场所，我们在痛苦中学习成长，在面对死亡时学会生存，在悲伤中学会坚强。我们的生命旅程是持续地学习，最终的目标似乎是灵魂的完美。完美的意思并不是说人类可以达到完美，或我们要求事事完美，它只是说我们在生活中能够学习、改变与成长。

我无法证明灵魂的存在，就像我无法证明死后是什么样子一样。什么是灵魂？再一次，我们碰上了远超过自己的事物，因此无法适用于任何单一的、简略的定义。然而这不表示我们无法使用一种操作性定义。也许这种定义很不完美，但我相信它至少可以帮助我们进一步探讨学习的奥秘。

我把灵魂定义为：“一种神秘的，引领着我们的，独一无二的，可成长的，永生不死的人类精神。”人类是进化的生物，不仅指种族，也指个体。身为有肉体的生物，身体终将停止发展，最后必然毁坏；而心灵的发展可以一直持续到死亡的时刻；精神则可能长存。对于这种心灵的发展，我常常使用“成长”这个词，而成长与学习是息息相关的。

我一直反复强调，我们有自由意志，我们可以选择成长还是不成长，学习还是不学习。20 世纪一位最伟大的心理学家马斯洛创造了“自我实现”这个词，他指出人类的成长与进化可以到达更高的心灵，更高的自主与个人力量。马斯洛认为，一旦人类能够应付基本的生存需求后，就可以让意识进升到更高的层次。

尽管我在许多方面要感激马斯洛的贡献，但我对“自我实现”这个词却有点意见。因为它太容易让人误解，以为我们可以自己创造自己，可以成为任意一个我们想成为的人，就像造物主一样。实际上，我们无法创造自己，也无法成为任意一个自己想要成为的人。我们来到世上唯一能够做的，就是通过学习，竭尽全力成为最好的自己。

但是，现在到处都充斥着这么一种观念，那就是，你可以变成任意一个你想成为的人。多少次，我们反复听到这么一句话：“一旦下定决心，你就能做成任何事。”是的，每个人的内在可能性都比想象的要精彩。但是，这些“可能性”并不是我们想象的那样，如此深受个人自我意识的控制。实际上，只有全力以赴听从潜意识的指引，不断学习，发现自己的天赋，我们才能实现那些难以言说的、独特的内在可能性。同时，我们必须清楚地认识到，我们只能成为特定的某一个人，而不是几个人。这个人就是：我们自己。

成为最好的自己，是一个学习的过程，也是一个成长的过程。当我们抗拒学习和成长时，我们就是背叛了自己。因此，我相信马斯洛所谓的自我实现，应该是把生命视为一连串学习与成长的过程。不过在童年阶段，人们大部分的学习是“被动”的，而不是主动的。

## 被动学习

很多人并不十分了解我们是如何学习的，就像他们不十分了解思想或意识。当我在大学里读心理学时，必须学习一门非常重要的课程——学习理论。当时大多数的学习理论是关于制约过程，由巴甫洛夫与他的实验狗所发展出来的。仿佛我们的学习主要是通过惩罚与奖赏，就像老鼠能借由惩罚（电击）或奖赏（食物）来学习走迷宫。

这个理论更进一步假设，儿童学习语言也是通过这种“行为主义”的制约过程。但是伟大的思想家亚瑟・库斯勒在他的书中，完全推翻了行为学派对于语言学习的理论，他提出了十几个关于语言学习的问题，是行为学派无法回答的。库斯勒本人没有解释幼儿如何学习语言，但他证明了人们对这个课题几乎毫无所知。直到今日，幼儿如何学会说话，仍旧很神秘。

我们知道的一个事实是人的学习能力不一定要依靠五官知觉。例如又聋又瞎的海伦・凯勒，不仅学会了语言，而且还表现出惊人的智慧。而另一方面，我们也知道剥夺感官感受会严重干扰幼儿的学习。1920 年在德国孤儿院长大的一些婴幼儿由于缺乏有意义的接触或嬉戏，他们的成长出现了问题，这让我们懂得婴儿需要与他人建立特定的感官关系，例如触摸、微笑、声音等，才能在身体上正常发育，到达心理上的成长。另外，在幼儿发展的关键阶段，如果剥夺或忽略他们的需求，就会阻碍他们的成长。这就是为什么学前教育如此被重视。这是幼儿早期教育的一部分，不断提供的刺激，能够发展幼儿的社会与心理能力。

但是就像学习语言，儿童阶段的学习大部分似乎是被动的。例如，在幼儿学习语言之前，他们就开始学习心理学家所谓的自我界限。我们都知道，出生至 9 个月大的婴儿没有自我界限，不会区分他的手臂不是妈妈的手臂，他的手指不是爸爸的手指。这种学习似乎是不可选择的，所以我称之为被动的。

实际上，这种自我界限的学习正是意识的发展，因为在 9 个月大的婴儿身上，就可以看见自我意识的征兆。在那之前，如果有陌生人走进房间，婴儿只会平静地躺在摇篮里，仿佛什么事都没有发生似的。但是约 9 个月以后，如果有陌生人走进房间，婴儿就会紧张地哭泣。他有了心理学家所谓的对陌生人的焦虑。这说明 9 个月大的婴儿已经能够觉察到自己是个“分离”的个体，非常弱小无助，容易受到伤害。从这种脆弱的焦虑和恐惧中，可以判断婴儿已经具有最基本的自我意识。伴随自我意识而来的，是对现实的觉察，能够知觉与区分自己与他人的不同。

也许在儿童的生命中，再也没有比“顽劣的两岁”更痛苦的阶段了。幼儿两岁大时，他已经很熟悉自我界限，但是还不清楚他的力量边界。所以幼儿会认为这是最美好的世界，他拥有无穷尽的力量，于是你会看到一个两岁大的小孩像小暴君般指使他的父母、兄姐以及家中的狗，仿佛他们都是他私人王国中的玩物。然后事情就发生了，现在他可以四处走动、丢东西、把书本从架子里拉出来，于是他的父母亲就会说：“不行，你不能这么做，大卫，你也不能跑那么快。”

事实上，在不到十二个月的时间，孩子在心理上从一个四星上将被贬为二等兵。难怪他会感到沮丧与发脾气！不过尽管“顽劣的两岁”令人痛苦，这却是一个非常重要的学习阶段。如果幼儿长到了三岁，都没有被那些挫折和羞辱所击倒，那么他就能踏出重要的一步，离开他的“婴儿自恋”。这时候开始建立起弗洛姆所谓的“社会化”的基础，弗洛姆定义为“学习喜欢必须做的事”。

在儿童阶段，儿童也许会从事学习的活动，但通常是因为外来的压力所致，像是家庭作业、考试、成绩与家人的期望。否则大多数儿童的学习都仍是被动的。在我的书《友善的雪花》中，8 岁大的女英雄珍妮就是一个例子。她成长在一个健康的家庭，她的左右脑能够均衡发展，旁人看她学习速度非常快。但是她完全不费任何工夫，她没有刻意去诠释事物。她只是顺其自然，思考快速如飞。

在一个完整的家庭中，孩童主要的学习对象当然就是父母，**儿童很自然地认为父母做事情的方式就是理所当然的方式。**这在自律的情况尤其如此。如果儿童看见父母的行为能够自律，儿童就会很自然、无意识地做到自律。相对的，如果父母的行为缺乏自律，儿童会认为这就是正确的方式，于是无法发展适当的自律能力。对于有些要求“听我的话，但不要学我的样子”的父母而言，这种情况尤其明显。虽然儿童时期的学习是被动的，却是极为重要。如果够幸运，这个阶段也是学习情绪与理性智慧的开始。

过去人们认为智力只能由数理方式来测量。对于分析性智力来说，也许是如此，但这却忽略了其他方面的智力，尤其是那些包括直觉和想象力的智力，例如自我意识、同理心、爱与社会意识等。现在智商测验开始受到质疑，人们发现决定一个人命运的往往不是智商，而是情商。

越来越多的研究指出情商，也就是人对于情绪的掌握能力，更能够准确反映人的智力。对此我深有同感。情商是复杂多层面的。研究认为那些不贪图一时之快，能够掌握自己情绪的人，往往情商很高。实际上，这也是我在《少有人走的路：心智成熟的旅程》中所提到自律的四个原则：推迟满足感，承担责任，忠于事实和保持平衡。

还有研究发现，在掌握情绪方面最重要的技巧，就是自我觉察，即心理学家谈到的“超情商”，这是一种能够抽身而出，反观自己情绪的能力。有了这种能力，不管是愤怒，还是羞愧和悲哀，我们都不会沉沦其中，而是能超越出来，站在这些情绪的上面，然后采取行动。一旦我们能够觉察到情绪，就比较容易掌握它们。这种自我觉察的能力非常重要，能够让我们有拥有更多自我控制的能力。

在一个强调左脑（理智）胜于右脑（直觉）的文化中，情商的发展具有非常大的阻碍。无怪乎我们在儿童阶段就体验到情绪的麻木，学会了压抑情绪或完全关闭。对于情绪感到不自在的成年人，往往会批评儿童的情绪，或责备他们“不要这么感觉”，结果造成情绪觉察能力受到压抑。

无法应付挫折感或分辨压力的原因，使许多儿童走上了破坏性的道路——包括饮食失调、欺负弱小或其他反社会行为——因为他们缺乏成年人的引导来控制他们的情绪。我相信老师或父母应该教导儿童接受自己的情绪，然后在了解自己情绪的基础上，掌控自己的情绪。

虽然儿童阶段的被动学习在情绪与智力上都非常重要，但成年后的主动学习才具有最终极的重要性。有些心理学家认为一旦到了青春期，“伤害就已经造成了”，不管好坏，人格就定型了。虽然情况时常如此，但也不是绝对的。只要有决心，在人生的后四分之三时间里，我们完全可以做到最大的改变与成长。正如乔纳森·斯威夫特所言：**“人生的晚期是用来治疗他在早期所染上的所有愚行、偏见与错误的想法。”**成年后的主动学习不仅可能，也非常值得追求。

## 成长与意志

在某些方面，我们清楚地了解成年人如何如饥似渴、刻意地选择学习。我们所不了解的是他们为什么会有如此强大的意志力。学习需要意志力，成长也需要意志力，但是现在我们对意志力却了解得很少。在我们面前，意志力是如此的神秘。

我曾经说过，某些人，例如我的家人，似乎与生俱来就有坚强的意志，而某些人的意志似乎比较薄弱。这个问题从来没有经过科学性的研究。我们不知道意志力是否有强弱之分，或者是否来自于遗传，在多大程度上是经过学习成长而来的。意志力极为神秘，代表了心理学研究上的一个蛮荒地带。

在任何情况下，我都相信坚强的意志是一个人所能获得的最高奖赏之一（另一个是感恩的心）。坚强的意志不同于病态的固执，它是一种促使生命成长的决心和持续的坚持，而病态的固执是对生命活力的禁锢，包括坚持腐朽的观念，顽固不化，极力阻碍自己和他人的成长，甚至压制别人的生命力。成长的意志是神秘的，那些意志坚强的人在心理治疗中通常效果较好，不管童年背景如何，也不管机会多小，他们都能获得奇迹般的治愈。相对的，那些缺乏坚强意志的人也许拥有其他的资产，比如伟大的观念与才能，但往往怀才不遇，一事无成。然而，如我一再指出，任何恩赐都是潜在的诅咒，坚强意志的缺点就是坏脾气。只有意志坚强的人才会把高尔夫球杆在树干上扭弯，因为那颗该死的小球没有照他的意思飞行。意志坚强的人往往要花费大量精力才能学会控制自己的愤怒。

我常对病人解释，软弱的意志就像是在后院中养了一只小驴子，它不会带来太多困扰，除了偶尔嚼了你的郁金香，但是它也无法帮助你，到头来你也许会后悔这辈子没有去做你想做的事。另一方面，坚强的意志就像是在后院养了一群马，这些马匹巨大而有力量，如果没有好好加以驯服，他们会冲倒你的房子。如果能够给予适当的驯服与训练，套上马具后，你可以运用它们来移山。因此意志的驯服非常重要。但是人不可能通过意志来驯服意志，要驯服意志，必须把自己交出去，诚服于一种更高的力量。

在杰拉尔·梅所著的《意志与精神》第一章——“率性与任性”中，他说任性代表着未驯服的人类意志，而率性代表着人类的坚强意志。这意味着，人诚服于更高力量的召唤，敢于走别人不敢走的路，做别人不愿意做的事。谈到率性与更高力量之间的关系，我认为成长的意志基本上就像爱，是把自己奉献出去，不考虑结果，也不担心收获，但恰恰是这样的精神能够让我们获得更大的收益。正如爱，我们在无私付出的过程中，不仅浇灌对方的心田，也让自己的心灵获得了成长。

但是我们面临了一个问题，成人之后为什么只有少数人能够继续表现出成长的意志，而多数人不仅抗拒成长，也抗拒伴随学习而来的责任？虽然选择成年后的主动学习与成长的意志，是一个人生命中最重要的决定。但是这种决定是什么时候做的呢？很少有人知道答案。我曾经收到十五六岁的年轻人寄来的信，清楚显示他们在那个时候就已经做了决定。

我的女儿们在上大学时就做了决定，选择主修纯科学与数学，尽管她们觉得这些科目很艰难。看见她们叫苦连天，我问她们为何不选择主修人文科学，这些科目是她们所擅长的。她们却回答："老爸，主修一些容易的科目有什么意思呢？"很明显地，她们在某些方面的学习意志是比当年的我要强多了。

虽然成为学习者的决定也许早在青春期就定下了，但这不表示一定得在那个时候发生。我知道有些人做出某个重要决定的时刻是在三四十岁，五六十岁，甚至在死前一两个月。也有些人虽然做了决定，但只是敷衍地进行，终其一生都没有成为主动的学习者。还有些人活了半辈子后才做出决定，并成为虔诚的学习者。当然，也有人会在反省生命时发生，比如中年危机时。据我所知，大多数情况，这种决定需要重复地进行，越来越坚定。这是我自己的经验之谈。我不记得什么时候是我第一次决定做个主动的学习者的，但我记得许多次我选择加强这个决定。

我个人的做法是从经验中学习，尤其是通过对我自己生命经验的沉思。因此我把沉思描述为：抽取一点点的经验，然后榨取其最高的精华。这不仅是生命经验的多寡，而是如何加以应用。我们都知道有些人做了很多事情，似乎累积了许多经验，但是看起来还是很幼稚。他们只是到处收集不同的经验，而不从这些经验中学习有关自己与世界的知识，这些经验自然毫无价值。重要的是，我们不仅要觉察外在的经验，也要觉察内在的经验，才能促进精神的成长。因此学习的意志大部分是要向内学习。哲学家索伦·克尔凯郭尔曾经很准确地指出："一个人也许能做出惊人的伟业，了解深奥的知识，但是对自己却一无所知。而失败与痛苦则能够引导一个人向内心省察，让他在内心开始真正的学习。"

## 摆脱自恋

我们都见过一些以自我为中心的人，他们觉得世界如果缺少了他们就无法继续存在。这些人缺乏共情能力，体会不到别人的感受，也无法站在别人的角度考虑问题。他们是自恋的人。虽然我们不会像他们那样自恋，但或多或少都有一些自恋的倾向。我们每个人需要学习的最重要的一件事，就是承认世界不是单单绕着我们一个人旋转。

我认为自恋是一种思想的失调。在《寻找石头》书中，我说我与太太莉莉使用保密的电话号码以及种种安全措施来保护我们不受自恋者的干扰。在十几年前，我们还没有采取这些保护措施时，电话时常会在清晨疯狂响起，听筒另一端是个陌生人，想要与我讨论我书中的一些细节问题。我抗议道："现在是凌晨两点呢！"那人解释道："在加州现在只是十一点，况且现在电话费比较便宜。"

自恋者无法或不愿考虑到他人。我相信每个人天生都有自恋的倾向。健康的人会通过成长摆脱自恋，但前提条件是必须先提升意识，学习为他人着想。成长与学习相辅相成，我们越是学习，意识就越能获得提升。

我已经说过，"顽劣的两岁"是儿童脱离婴儿自恋的第一步。我们不知道为什么有人会失败，无法摆脱自恋。但是我们有理由相信这种失败开始于顽劣的两岁阶段——这是生命脆弱，并充满了羞辱的阶段。父母在这段时期要尽可能对孩子温柔一些，但不是所有父母都能做到这点。**在顽劣的两岁或儿童成长阶段，为了使孩子顺从，有些父母会不自觉地羞辱孩子，远远超过必要的程度。我认为无法摆脱自恋就是根源于这种过度的羞辱。**

遭遇过度羞辱的儿童，会绝望地抓住以自我为中心的想法，以此来保护自己，不然他们就无法自处。我们说婴儿是自恋的，到了 9 个月的时候，他们开始有了自我意识和自我界限。从两岁开始他们变得顽劣，这实际上是他们在努力拓展自己的自我意识和自我界限。如果这时遭遇到过分的羞辱和打击，他们的成长就会停滞不前，始终处在婴儿时期的自恋阶段。对于他们来说，唯有自恋才能给他们提供安全感。

虽然我们是在顽劣的两岁时迈出了远离婴儿期自恋的第一步，并不表示这是唯一的一步或最后的一步。在青春期常常能看见莽撞冲动的自恋，例如，青少年也许从来不会考虑到家人的感受，他们到处惹事，弄得全家不得安宁。但就像孩子从两岁开始变熊一样，这也是我们摆脱自恋的第二次机会。有些人在青春期迈出了摆脱自恋的第二大步。对此，我深有感受。

15 岁那年，一天早上，我在上学的路上，看见 50 米外有一个同班同学朝我走来。我们见面后聊了 5 分钟，然后分道扬镳。我独自行走了一段路后，突然脑洞大开，仿佛接收到了上天的启示。我觉察到了我的自恋。我意识到从我看到同学到最后分手的 10 分钟时间，我一直沉溺在自恋当中。见面之前两三分钟，我满脑子想的是我要说什么聪明话来使他佩服；在我们谈话的 5 分钟里，我听他说话，只是为了能够更聪明地把话接过来；我看他的脸，只是要看我的话对他产生了什么反应。在我们分手后的两三分钟，我所想的是还有什么更聪明的话我没有说出来。我一点也不在乎同学，没有注意到他是快乐的，还是悲哀的，或者我能说些什么使他的心情不那么沉重。我所关心的只是他能衬托我的智慧，反映我的光荣。这一察觉不仅让我知道我是多么的以自我为中心，多么的自恋，也让我知道，如果不摆脱自恋，我最后不可避免会变成一种自以为是、空虚孤独、令人讨厌的人。所以 15 岁那年，我开始向我的自恋宣战。

但那只是个开始。自恋非常顽固，它的触角隐约而无处不在。我们必须日复一日，月复一月，年复一年地斩断它们。而且在一路上会有许多陷阱。不过，随着意识的成长，我们会变得不再那么自恋，对他人更关心，也更能在乎别人的感受和想法。每当回顾起来，我还是有很多遗憾和悔恨，其中之一是，我不够关心逐渐年迈的父母。等到我自己开始面临变老的时候，我才了解父母所经历的痛苦，现在我对他们的感情远远超过以前。

学习摆脱自恋，曾经是我生命中最重大的课题，而婚姻则是我最伟大的老师。刚结婚时由于自恋作祟，一直到两年后，我才明白莉莉不是我的附属品。婚姻关系中的摩擦使我睁开了双眼看清楚我的问题。最初我会为这些摩擦恼怒：当我需要她时，她却不在家；而当我想独处时，她却在家中喋喋不休。我慢慢明白，这种埋怨多半是由于我心里的怪异假设所造成的——我假设莉莉应该随时随地响应我的需要，而当时机不对时，她就应该消失不见；更过分的是，我假设她应该知道我什么时候需要她，什么时候不需要她。后来又花了大约十年的时间，我才能够彻底消除这种疯狂的自恋心态。

我与莉莉的婚姻能够幸存下来，是因为我们都怀着美好的愿望，努力去体贴对方。但这并不是一件容易的事情。最初，我们的想法都很简单，无非是想做一个好丈夫和好妻子，多替对方考虑。我们奉行的金科玉律是“要想别人怎么待你，你就要怎么待人”，所以我们总是努力以自己希望被对待的方式去对待对方，但这样做，并没有太大的效果。事实上，我与莉莉就像大多数的伴侣一样，结婚时都有轻微的自恋倾向。虽然不像凌晨两点打电话来的人，我们相当有礼貌，但是没有智慧，因为总是存着自恋的假设：其他人都像我们一样，否则就是有问题。

经过漫长的岁月，数不清的摩擦和碰撞，我们才明白，要成长，我们就必须学习辨认与尊重对方的“差异”。的确，这才是婚姻的高级课题。而过去所奉行的“要别人怎么待你，你就要怎么待人”，并没有考虑到彼此的差异，实际上这是在以自己的心度别人的腹，或多或少都有一些自恋的成分，不可能真正满足对方，也不会让自己获得成长。

经过了 30 年，莉莉与我仍然在学习这个道理，而且时常像是初学者一样。我们知道正是彼此的差异才创造了婚姻的滋味及智慧。也正是因为莉莉与我不一样，当我们生活在一起时，才能更聪明地处理问题，这些问题包括养育子女、安排开支、计划假期等。所以，不管是婚姻，还是人际关系，抑或在工作和事业上，摆脱自恋是合作的关键，可以让不同的人发挥不同的智慧和力量。

## 自恋与自爱

我们面临了一个矛盾：一方面生命中最重要的事情是摆脱以自我为中心的自恋；但另一方面，同样重要的是，我们也必须认识到自己的价值，珍惜自己的价值，学会自爱。

解决这一矛盾的基本前提是诚实和谦虚。14 世纪一位英国僧侣说："诚实和谦虚，意味着有自知之明。善于自我反省的人，才会表现得诚实和谦虚。"

谦虚是人类最高贵的品质之一，但是谦虚不是自卑，故意贬低自己，而是客观地看待真实的自己，认清自己的优点和缺点。谦虚的核心是诚实，有自知之明。离开了诚实，谦虚就会变成自卑，或者以另一种形式转化为自大。自恋的人是不诚实的人，他们活在虚假的幻象中。而自卑的人也是不诚实的，他们过分夸大自己的缺点，而没有客观看待自己的优点。

在这里，我们必须区分自恋与自爱。例如，有时候我们的行为不当，却不肯承认，也不愿意从中吸取教训加以更正或弥补，那么这就是自恋。另一方面，如果我们犯了错误之后，承认自己的错误，必要时也会自责，但并不会彻底否定自己的价值，反而让自己明白个人并非完美无缺，我们接纳自己的缺点，也珍惜自己的优点，这就是自爱。

自恋是成长中最大的阻碍，而自爱则对成长具有巨大的积极作用。弗洛姆说：“最高的价值不是舍己，也不是自私，而是自爱；不是否定个人，而是肯定真正的自我。”所以，坚持虚假的自恋与坚持真正的自爱有着天壤之别。不管在什么时候，我们都需要珍惜自己的价值，做到自爱。

大约 20 年前，我曾治疗过一个 17 岁的男性病人，他叫杰克，是一个没有父母管教的未成年人。因为父母对他太粗暴，他从 14 岁就开始独立生活。

有一次做治疗时，他对我说：“派克医生，我差点就见不到你了！”

“发生了什么事情？”我问。

“几天前，在一场暴雨中，我把车开翻到了路边。”他说。

“是三天前的那场暴雨吗？”

“是的。”他点点了头。

就在杰克出车祸的那天晚上，我也不得不冒着暴风雨，驱车从康涅狄格州赶往纽约。暴雨铺天盖地横扫而来，高速公路上能见度极低，我甚至看不到路基和黄线。我集中精力，紧盯路面，当时我已非常疲倦，哪怕是片刻的走神，都有可能车毁人亡。我之所以能开完这 130 多千米，就是因为我做了唯一的一件事，不断对自己重复：“这辆轿车装载的货物价值连城。我一定要让这无价之宝安全抵达纽约。”最终，我安全抵达了。

在那天的暴雨中，杰克并不像我那么疲惫，而且路途也很短，显然，他出现这样的问题，也不是想要偷偷自杀，而是缺乏自爱，不知道珍惜自己。他没有对自己说，他的车里装载着无价之宝。当然，他不珍惜自己是因为从小没有得到父母的珍惜。如果他曾经被父母珍惜过，他就知道珍惜自己，懂得自爱。

另一个例子，是关于一位女性。《少有人走的路：心智成熟的旅程》出版后不久，她来找我。她需要从纽约附近的新泽西，驱车远道前来我所居住的康涅狄格州，每次来回都要花费6个小时。她从小在教堂里生活，长大后嫁给了一位神职人员。第一年，她每周治疗一次，结果一点儿进展都没有。有一天，她一进门就对我说："你知道吗？今天早上开车来这儿时，我突然意识到我自己才是最重要的。"我发出欣喜的欢呼，为她的顿悟而喜悦，但同时也感到有些荒谬。因为她几乎在教堂里度过了自己的前半生。按理说，她应该早已明白，最重要的就是自己，就是自己心灵的成长和发展，但是她没有。我猜想，也许很多人都不明白这一点。然而，一旦她明白了之后，她的治疗进展得就像闪电一样迅速。

重视自己，珍惜自己，是我们心灵成长的关键。一个人决定来接受心理治疗不是妄自菲薄的表现，恰恰是自爱的行为。决定自爱的因素有很多，最重要的是源自童年时的经历，如果童年时我们能够得到父母的关心、爱护和珍惜，我们在内心深处就会觉得我们是有价值的，值得珍惜的。父母付出的努力越大，孩子就越会意识到自己在父母心中的价值；父母的珍惜让我们懂得珍惜自己，从而形成最原始也是最强大的自我价值感。

我们以此为人生的起点，在将来的道路上就懂得选择进步而不是落后，懂得追求幸福，而不是自暴自弃。

童年时获得的原始自我价值感，是我们心理健康的原动力，即使在成年后遇到了重大的打击和挫折，那种根深蒂固的自尊、自爱和自信，也会让我们鼓起勇气，勇敢地战胜困难。我曾经对缺乏原始自我价值感的成年人感到悲观，但是现在我知道至少有两种方法，可以重建我们的自我价值感。其中一个方法就是心理治疗，在这个过程中，心理医生时常会成为父母的替身，以持续表达对病患的重视，来让他们获得自尊和自爱。经过长期的治疗后，病人给我最多的反馈是："派克医生，你让我觉得我比原来的自己重要多了。"

还有另一种方法就是直接将生活体验上升为生命体验，从而获得一种自我觉察的能力。当然，这需要人具有极强的悟性和反省精神。虽然我很少介绍这种方法，但我的一些病人和朋友都曾经历过这种自我价值感的极大改变。这些自我觉察有时候常常发生在生命最艰难的时候，有时候甚至是在生命遭受威胁时。例如一名长期被虐待的女性，突然醒悟，决定要好好为自己而活，最后毅然决然离开她的丈夫。

## 自恋与死亡

人类与生俱来的自恋十分复杂，适当的自恋是可以理解的，但未加节制的自恋是心理疾病的前兆。健康的心灵成长需要逐渐摆脱自恋。如果不能摆脱过分自恋的心理，不管是对自己，还是对他人都会造成极大的破坏。

自恋是以自我为中心，把自己看得很大，很重要。但是在现实生活中，我们并没有自己想象的那么大，那么重要，这就必然会导致内心与外界的冲突，让我们备受伤害。当心理医生谈到自尊心受伤害时，我们称之为自恋性伤害。我们常常承受着许多自恋性伤害，例如被同学说笨、在校队选拔中落选、申请大学遭受拒绝、被老板批评、被解雇、被子女排斥等。在各种自恋性伤害中，死亡所造成的伤害最大，也最具震撼性。没有任何事能够比面临死亡更能威胁到人们的自恋。所以很自然，人们畏惧死亡，不愿意谈论任何与死亡沾边的事物。

有两种方法可以应对来自死亡的恐惧，也就是平常的方法与聪明的方法。平常的方法就是不去想它，限制自己的知觉。聪明的方法是尽早去面对死亡。对死亡的恐惧实际上是对生命的眷恋。但是没有人能够逃脱死亡，不管我们多么热爱生命，对生命多么眷恋，死亡终究会来临。死亡，可以让我们变得谦卑，彻底摆脱自恋。我们会想："既然生命都可以放弃，那么还有什么东西不可以放弃呢？"所以，尽早面对死亡，可以成为一种最大的助力，帮助我们获得心灵的成长。虽然这不是容易的方法，但是很值得一试。因为当我们面对死亡，消除了以自我为中心的自恋之后，我们会惊讶地发现自己不再害怕死亡。因为消除自恋之后，我们不再感觉自己是那么的自大，那么的重要，那么的不可一世，这恰恰是学习爱的基础。当我们不再感觉自己时时需要保护时，就能够转移目光，关心他人，于是开始体验到前所未有的快乐，渐渐忘记自己的存在，领悟到生命的真谛。所以，把自己缩得越小，我们看见的世界越大。

伟大的圣贤们一再告诉人们，脱离自恋之路，也就是通往生命意义之路。他们的基本方法就是——学习死亡。佛教与印度教以自我超越来说明这个道理。对他们而言，自我的观念是一种幻觉。而耶稣的说法则平易近人："凡是拯救自己生命的人必先失去生命；凡是为我放弃生命的人必会获得生命。"

《论死亡和濒临死亡》这本经典之作的作者伊丽莎白·库伯勒-罗斯是首位大胆研究濒死体验的科学家。她发现在死亡的过程中有五种情绪阶段，分别是：否认、愤怒、讨价还价、沮丧绝望和最终的接受。

在第一阶段"否认"中，人们也许会说："化验室一定是把我的检查与别人搞错了。不可能是我，不可能发生在我身上。"但是否认不会持续很久，然后转为愤怒。他们对医生发怒，对护士发怒，对医院发怒，对亲戚发怒，对上天发怒。当愤怒也毫无效果时，他们开始讨价还价。他们说："也许我回去上教堂，开始祷告，癌症就会消失。"或者"也许我对孩子好一点，我的肾脏就会痊愈。"而当这些也没效时，他们开始明白自己彻底没有希望了，他们真的要死了。这时候，他们开始沮丧绝望。

如果能够经历沮丧绝望的阶段，他们就能够熬出头，进入第五阶段——"接受"。这个阶段心灵充满了平静与安宁，甚至还有光明，接受死亡的人内心中自有光明，仿佛他们已经死亡，然后在心灵上获得重生。这是一件美丽的事，但是非常少见。大多数人死亡时没有到达这种接受的阶段。他们在最后一刻仍然停留在否认、愤怒、讨价还价或者沮丧绝望阶段。这是因为沮丧绝望的阶段是这么的痛苦与艰难，当碰上沮丧绝望时，大多数人会撤退到否认和愤怒，或讨价还价的阶段。

这些阶段的历程并不一定完全符合罗斯的描述，但是它们不仅适用于死亡所引起的情绪反应，也适用于生命中所有需要舍弃的时刻。

## 舍弃与心理弹性

我曾经写到我与女儿之间所发生的一件事情，让我体验到舍弃在成长中的必要。有一天晚上，我想好好陪陪10岁的女儿。最近几个星期，她一直请求我陪她下棋，所以我一提议同她下棋，她就高兴地答应了。她年纪小，棋却下得不错，我们的水平不相上下。她第二天得去上学，因此下到9点时，她就让我加快速度，因为她要上床睡觉了，她从小就养成了准时就寝的习惯。不过，我觉得她有必要做出一些牺牲，于是我对她说："你干吗这么着急呢？晚点儿睡，没什么大不了的。""你别催我啊，早知道下不完，还不如不下呢！何况我们不是正玩得高兴吗？"我们又坚持下了一刻钟，她越发不安起来。最后，她以哀求的口气说："拜托了爸爸，您还是快点下吧！"我说："不行，下棋可是严肃的事，想下好就不能太着急。如果你不能认真地玩，那以后就别下棋！"她愁眉苦脸地噘起嘴。我们又下了10分钟，她突然哭了起来，说甘愿认输，然后就跑到楼上了。

原本一件愉快的事情，最后却被我弄得不欢而散，但是对于这个糟糕的结局，我的第一个反应是"否认"，想想没有什么大不了的，女儿只是有点情绪化，与我无关。但是否认没有用。接下来的反应是"愤怒"，我对女儿很生气，因为她不知道变通，也不愿意牺牲一点点睡眠时间来建立亲子关系。但是愤怒也没用，我想我应该跑上楼，对女儿说："对不起，宝贝。请原谅我的顽固，好吗？"我知道我这是进入了"讨价还价"阶段。但这只是一个"廉价"的道歉，并不会起多大作用。这时我才感觉到我真的把事情搞砸了，进入了沮丧绝望的阶段。女儿离开后的两个小时，我沮丧地在房间里来回踱步，最后进入了接受的阶段。

当我接受是我把事情弄得一团糟之后，也终于看清了真相：我想赢棋的欲望太强烈了，压过了我陪女儿开心的念头，最后才搞砸了这个夜晚。我为什么这样争强好胜呢？我陷入了沉思。没错，我这辈子都很好胜，一直斗志昂扬，做什么事情都是全力以赴，即使是与女儿下棋，我也渴望成为赢家。这种心态曾经为我赢得了许多荣誉，但是现在我必须舍弃它，因为继续争强好胜，只会让孩子与我日益疏远。如果我不舍弃这种心态，我的女儿还会流下眼泪，对我产生怨恨，而我的心情也会越来越糟。

最终，我舍弃了下棋必须取胜的欲望。在下棋方面，曾经的我消失了、死掉了——那个家伙必须死掉！是我亲手结束了他的性命，而我的武器就是做个好父亲的追求。在青少年时期，求胜的欲望曾给予我很多帮助，不过如今身为人父，这欲望就成了我前进的障碍，我必须将它清除出局。

成熟而健康的心灵是具有弹性的，随着情况的变化，我们必须尝试在相互冲突的需求、目标、责任与义务中保持微妙的平衡，而这种平衡的法则就是要能够割舍部分旧的东西，考虑新的可能性。**虽然坚持旧习可以逃避割舍的痛苦，但却会阻碍我们下一步的人生。**割舍是最痛苦的人生经验。割舍部分的自我，也许是放弃人格的特性、长期习惯的行为模式、熟悉的意识形态，甚至整个生活方式，这种痛苦是难以承受的。但若要在生命的旅程中一路前行，达到最高的成熟与心灵成长，这种割舍是必须的。割舍会让我们痛苦，也会让我们感到恐惧和焦虑。我们割舍了旧的、过时的观念和习惯，但新的观念又存在着很大的不确定性，这会让我们感到没着没落，陷入彻底的空虚。但是不经历这种心理上的空虚，我们就无法腾空内心，顺利进入人生的下一站。

面临死亡的五个阶段对于舍弃旧习性与学习新事物十分重要。不仅个人会常常经历这五个阶段，团体甚至整个国家都会经历。

我们必须时常清除掉旧的，才能学习新的事物。这个过程可以是个人的，也可以是团体的。在《不一样的鼓声》书中，我曾说舍弃是一个“掏空”的过程，也是建立团体共识的阶段之一。这个阶段是学习中很重要的阶段。一个经历掏空阶段的团体，看起来像是在做垂死挣扎。尽管这个阶段十分痛苦，但恰恰是在这个阶段中，团体才终于下定决心舍弃过时、僵化和无效的习性。

当个人或团体经历痛苦时，常常会感觉痛苦似乎将永远持续，但是在生命的循环中，总是会有机会重生，在绝望与改变之后的重生，其基础就是希望。所以沮丧绝望阶段之后就是接受。有一次在演讲时，有听众问我，长期的婚姻关系是否也会经历这些阶段？我回答说当然会。当伴侣之间的差异开始浮现时，两人首先的反应是否认这些差异，否认两人已经不再热恋。当否认无济于事后，我们又会对伴侣的差异感到生气。当愤怒也不管用，伴侣没有任何改变时，我们又开始讨价还价——“如果你那么改变，我也会这么改变。”等这也不管用时，就会出现沮丧绝望，这时婚姻似乎岌岌可危。

这个阶段的婚姻关系，如果能够继续撑下去，最后有可能进入彼此接受的阶段。但这个过程常常需要许多年时间。在我与莉莉的婚姻中，这个阶段几乎持续了 20 年，才在接受彼此的过程中，建立起一种比浪漫之爱更伟大的关系，甚至几乎接近神圣的荣耀境界。但是许多人似乎相信经历这些阶段的婚姻必然有问题，仿佛长期的关系中必须毫无摩擦。事实上，这是我们必须克服的一个妄想。我想起一位女性朋友曾经对我说："斯科特，我很喜欢《寻找石头》这本书，但是它的内容好悲哀。"我不确定她指的"悲哀"是什么意思，但是我想她之所以会觉得悲哀，是因为她相信婚姻不应该经历我在书中写的那些困境。但是我相信《寻找石头》是一本关于胜利的书。诚然，尽管莉莉与我经历了一切波折，从否认、愤怒、讨价还价、沮丧绝望，一直到绝望后的接纳，但最终我们到达了一种更高层次的了解，这是我们俩都从未想到的。

所以绝望之后就是重生，而重生刚开始时也许会像死亡一样痛苦。在第一章里，我说我的许多病人会经历一种"治疗性的沮丧"，这是因为当旧的方式已不再有效，而新的方式又似乎艰难无比，看起来很不确定，非常冒险，他们后退无路，向前无门，由此陷入沮丧。在《靠窗的床》中我描述过这种冒险，书中的希瑟在治疗过程中，做出了大胆的决定，放弃与男人的不良关系模式，而尝试新的相处方式。但这却让她感受到了一种治疗性的沮丧，对未来感到焦虑和恐惧。

所有的探险都通往未知，学习就是一场探险，我们一定要尝尝其中的滋味，如果总是知道方向与路径，知道一路上会看见什么，这就不是探险。害怕未知是人之常情，探险不可避免会让人感到焦虑和恐惧，但是唯有从探险中，我们才能学习到新的东西，并出乎意料地领悟到生命的重要意义。

## 黛米的故事

学习是探险，接受心理治疗也是一场探险，而且是生命中最伟大的探险之一。

有一个名叫黛米的女子，20 来岁，她来找我，是因为患有抑郁症，已经威胁到她的生命。也就是说，她随时都有可能自杀。她抑郁的根源是很典型的完美主义妄想症。在黛米年轻的生命中，她不知不觉发展出不实际的标准，夸大别人对她的期望。

完美主义的种子通常很早就被种下了，伤害极大。就像很多同样的案例，黛米成长于酗酒的家庭。小时候，她就被迫担负起许多成人的责任。她的母亲常常陷入沮丧之中，并试图通过酗酒来解脱，以至于形容枯槁。而她的父亲又经常不在家。为了支撑家庭，她必须帮助母亲抚养弟弟和妹妹，根本没有多少属于自己的生活。家庭的不幸只能让黛米把希望寄托在学校，也只有在学校里，她才能够得到童年所需要的滋养。所以她的学习成绩十分突出，最后成为家里唯一的大学毕业生。

在黛米看来，她必须追求完美，而完美不仅意味着能够事事让别人称心如意，而且还要时时刻刻如此。这是一种压力极大的生活标准。在内心深处，黛米知道自己不可能达到这种完美的标准，但是为了维持这种假象，她一直强撑着，不愿意承认自己的局限。这种来自外在和内在的压力最终导致她心理出现了紊乱和失调，也使她承受了长达数年的抑郁。有时候，黛米会考虑自杀，但是没有付诸行动。

在心理治疗初期，黛米谈论的内容大都围绕着一个主题——她觉得自己是个受害者，她喋喋不休地抱怨别人对她的所作所为，以及对她的亏欠。一两个月之后，她开始思考自己成为受害者的原因，并反思自己的责任。这时一个戏剧性的转折点出现了：她意识到虽然小时候的自己没有多少选择权，但是现在她完全可以选择不成为受害者；同时她也觉察到尽管家人仍把她捧上了天，毕竟她是家里唯一上过大学的人，但是这并不意味着自己就不能犯错。当她停止滔滔不绝地谈论“他们”，而开始谈论自己的感受时，她猛然醒悟，原来自己是可以自由选择的，不受任何人控制，并感受到了一种前所未有的个人力量。

在很大程度上，心理治疗是通过学习深入地了解自己，放弃过时的想法和观念。随着认识的深入，黛米觉察到她童年具有的心理模式是成为家里的拯救者和牺牲者，但可悲的是，这种模式一直沿袭到现在。时至今日，她依然在继续使用这种心理模式。更令她惊讶的是，她发现自己竟然会从这些牺牲中获得一种心理上的快乐。有一次，她谈到前男友总是占她的便宜时，虽然很困难，但最后她还是承认，在这件事情上，不止那个男人是个混蛋，而且自己也有问题，大部分原因是她自己一直喜欢付出，乐意被占便宜。对她来说，成为家里的救星，或者事事满足别人，这能使她的自我感到骄傲，为此，她付出的代价是严重的抑郁症，甚至有可能是生命。

对于追求完美的人来说，满足别人会让自己感到快乐，但是这种快乐是微不足道的，也是肤浅的，不是来自内心的深处，仅仅来自外界的评价。更可怕的是，一旦他们不能满足别人，或者做出什么错事之后，就会陷入深深的自责、内疚和负罪之中。邪恶的人没有负罪感，所以他们肆无忌惮，什么坏事都会做；而追求完美的人背负着太多的负罪感，因而总是生活在紧张、焦虑、沮丧和抑郁之中。

为了让黛米放松下来，我让她把自己想象成一个孩子，回到童年，去体验自己的感受，最后她伤心地哭了起来，并对我说："能够熬过如此艰辛的童年真不容易！"黛米这样看待她的童年，其实就是一种认同，这会让她给予自己更多的怜爱、关心和珍惜，让她放松下来，在接纳真实自我的基础上，客观地认清楚自己的优点和缺点。

回想起来，黛米的心理突破来源于通过学习获得了这样的认识：追求完美是虚幻的，她必须真实客观地看待自己，并自由地选择为自己而活，而不是为别人而活。当黛米逐渐放松下来，不再执着追求完美之后，她对自己也不再像从前那么苛求、刻薄了。她重新确立了对自己的合理期望："我明白犯错只会使我更有人性，而不是意味着耻辱。我了解不完美并不表示我一无可取。这不是非黑即白的事情，而是有许多灰色区域。我知道即使犯错，我仍然能接纳自己的优点和缺点，接纳自己所有一切。”说完，她轻松地笑了起来。

更大的突破是，她不再像过去那样强撑。由于过去追求完美，她会假装自己是强大的，不需要情感上的支持。有一天，她对我说：“也许不是家人或朋友不愿意帮助我，而是我不允许他们这么做，因为我看起来十分强大，不需要他们的帮助。”于是，她决定偶尔向他人寻求帮助，以此来击碎她那颗强撑的心。

当黛米刚来治疗时，便感觉自己没有其他选择，她说：“我非常迷茫，身心俱疲。”但是经过治疗，她感觉焕然一新。“当我能够觉察自己的局限后，我就不再期望自己能满足各方面的要求。现在我只在重要的事情上全力以赴，而会放弃一些不重要的事情，不再感到整个世界都在我的肩上。”她说，“回想起来，我觉得自己事必躬亲的做法实在是太自大了，现在我不再需要去照顾所有事与所有人。这真是一大解脱。”

有时候，我很难区分一个人走上心理治疗的冒险之路，到底是出于勇气，还是出于绝望。我想起了一位先哲说过的话：“生命的进化是因为需要，所以，增加你的需要，就能获得进化。”我相信承认需要是需要勇气的。**当你有勇气承认自己的需要之后，你的需要就会产生出动力，让你迈出不可知的一大步。**事实上，病人把自己暴露给心理医生时，并不知道前方会有什么样的挑战，但是他们通常知道自己将发现一些“坏事”。在我诊疗的经验中，病人的确会得知一些无法预料的“坏事”，但是他们也总会发现一些关于自己的“好事”。

在心理治疗中，我常常对一件事感到惊讶，那就是人们对于勇气是多么缺乏了解。大多数人认为有勇气就是不恐惧，其实不恐惧不是勇气，不恐惧仅仅是某种脑部的疾病。**勇气是尽管感到恐惧，但仍然能够大踏步前行。**当你这样做时，你不仅能够在恐惧中变得坚强，精神也向成熟迈出了一大步。

当我写《少有人走的路：心智成熟的旅程》时，我从来没有给“成熟”下过定义，但是我在书中描述了许多成熟的人。**在我看来，不成熟的人最大的特征是，他们总是坐在那里抱怨生命没有满足他们的需要。而少数成熟的人则将生命视为自己的责任，努力满足生命的需要。**实际上，当我们明白发生在自己身上的一切事情，都可以成为锻炼的机会时，我们也就可以用截然不同的态度来看待生命了。

面对生命最终极的挑战，需要最成熟的心灵。这个挑战就是：死亡。不管我们信仰什么，我们都无法确知，当死亡的挑战结束后，我们会在什么地方。这是多么大的未知啊！

由于死亡构成了生命最伟大的冒险，所以，死亡不仅是我们最后的学习机会，也是我们最大的学习机会。在我的行医生涯中，我发现治疗濒死的人总能让我获得许多关于生命的启迪。这些面对死亡的人，也许能够觉察到他们的时间已经不多了。我说“也许”，因为这种觉察是一种选择。如我所说，大部分的人选择不愿面对死亡，因此也不能从中学习。但是当他们接受自己将死的事实，在生命的弥留之际，则会迈出惊人的成长步伐。我们都听到过“人之将死，其言也善”这样的话，也见过很多濒死之人最后的坦白、忏悔、原谅、和解，甚至皈依。

在我看来，只有选择学习的人，才能选择勇敢地面对死亡；而只有选择勇敢地面对死亡，才能选择好好的生存。

## 价值观与学习

在我们的学习中，有三个主要因素：态度、性格与价值观。虽然彼此相关，但可以分开讨论，每一项都是单独而有价值的学习项目。

态度是一个人的心理倾向，以及对事情的一般看法。无神论者对于宗教的“态度”会影响他对事物的感知。一个有肤浅信仰的酒鬼，对于匿名戒酒协会也许会持否定的态度，因为协会中最重要的观念是“放弃自己的力量”，这对他而言无疑是一种亵渎。

至于态度在何种程度是学习得来的，何种程度是天生的，很难做出判断。正面积极的态度，能够促进我们的学习。越是持有“我必须时刻防卫或保护自己”的态度，越会让我们陷入焦虑和恐惧之中，也难以坦然去学习人生的新经验。因此，学习时必须能够意识到自己的态度，当然，我们无法时时如此。但是就像病人会找出时间接受治疗，我们也要找出时间来思考自己的态度，在安全的气氛下大胆进行。

性格是指人格的生理部分，存在于基因中。这就是为什么当幼儿还小时，父母就能够相当准确地判断出某个儿童对于事情的反应。至于性格是在哪个年龄段才形成的，是不是与生俱来的，仍有争议。

价值观是我们觉得重要的有价值的精神特质，我们会根据价值观来做决定，甚至在生命中做出重要的选择。由于我们无法学得一切知识，就会不断面临选择，而我们选择的依据就是价值观。即使是学习，当我们选择学习时，也会面临选择，我们不能什么都学，必须选择性地学习。正如伊德里斯·沙赫所说："只学习是不够的。首先要决定学习什么，不学习什么；何时学习，何时不学习；以及向什么人学习，不向什么人学习。"

这个道理不仅适用于专注的学习知识，也适用于生命的体验，以及我们选择在什么事情上花费我们的时间与精力。沙赫所指的是我们需要列出自己的优先级，而选择什么优先，则依靠我们内心的价值观。例如，在我的价值观中，正直占有非常高的地位，而另外两个主要价值观是忠于事实和勇于承担责任。在勇于承担责任上，最重要的是接受伴随学习而来的痛苦。

忠于事实是我身为科学家的责任。我们所谓的科学方法是人类经过几个世纪发展出来的，能够克服自我欺骗的人性倾向，接近事实，也就是真理。因此科学是一种臣服于更高力量的活动，这更高的力量是指光明、爱与真理。所有对于这些价值的追求都是神圣的。所以，科学虽然无法回答所有问题，但是科学是非常神圣的活动。

亨特·刘易斯的书《探问价值》说明了人们有许多不同的价值观，每个人都会根据不同的价值观做出决定，并且诠释世界。他把这些价值观分为经验、科学、理性、权威与直觉。刘易斯不确定人们是在什么时候选择自己的价值观；也许那根本不是选择，而是某种天性。如果是选择，那似乎是在潜意识之下做的选择，也就是儿童期。不管如何，我们成年后仍然拥有力量，可以重新衡量自己的价值观与优先级。

身为经验主义者，我强调经验的价值，把经验视为通往知识的最佳途径。但是刘易斯更进一步谈到了“综合价值系统”，对我而言，这是他书中的精华。如果人们能觉察到自己的主要价值观，那么在成年阶段就可以刻意培养其他的价值观。例如，我是根据经验来做决定的，那么，我可以刻意选择通过直觉来选择。就像我推崇使用左右脑一样，我希望人们可以尽可能去发展复杂的综合价值系统。

于是，我们回到了正直和整体性的课题上。不像孩子，成年人可以借着有意识的选择来实现正直。有些人觉得他们很适合学习知识或实际的技术（倾向于男性），而有些人觉得他们比较适合交际性的技术（倾向于女性）。当人们清楚自己擅长于某件事，而不擅长于其他时，就会逃避比较麻烦的事，或者忽略内在比较让自己感到不自在的部分，因为它们是陌生的，具有威胁性的。许多男人逃避自己女性的一面，而许多女人避免发展自己男性的特质。

在整体性的学习上，我们必须接受阴阳同体，拥抱男性与女性的特质。我们的使命是成为完整的人。健康（health）、完整（wholeness）与神圣（holiness）这几个词都有同样的词根（古英语 halig）。每个人心理与心灵上的任务，尤其是后半生，就是要将自己的潜能发挥到极致，达到最佳的境界。追求完整，需要发挥潜在的才能，经过学习发展出来，所以通常需要经常练习，而且需要成熟的谦逊，来弥补自己的缺点。

我学习网球的经验就是个很好的例子。青少年时，我就是个相当不错的网球高手，发球不算差，虽然反手拍有点弱，但我的正手拍非常有力。于是我发展出一种打法，弥补反手拍的不足，我选择站在球场的左侧，尽可能以正手拍来接每一球。以这种方式，我可以打败 95% 的对手，唯一的问题是剩下来的 5%。对手会发现我的弱点，攻击我的反手拍，把我调到最左边，然后打出右手够不到的正手球，让我甘拜下风。到了 32 岁，我才明白如果要发挥在网球上的潜能——达到最佳状态——就必须锻炼反手拍，那是很令人难堪的经历，我必须去做一些对我非常不自然的事：站在球场的右侧，尽可能用反手来接每一球。那段时间我一直输给比我差的对手，来看我打网球的人，会看到我把球打到两个球场远，飞过围墙或挂网。三个月之内，我的反手拍已经练得相当不错了，于是我成为所在小区中最佳的网球手。这时候，我开始学高尔夫球，那才是真正令我难堪的经历。

对我而言，学习高尔夫球是最令我感到挫败的事，除非我把它当成是一种学习机会，否则我根本无法享受这项运动。事实上，我看到自己的许多缺点，例如过于要求完美，以及当我挫败时，对自己的深深恨意。通过学习高尔夫球，我慢慢从完美主义中走出来，也面对了我的许多不完美。我觉得要成为完整的人，没有比改善自己的弱点更健康，也更重要的事了。

## 学习的榜样

我们能够把其他人当成榜样，可以算是生命的恩赐。榜样能帮助我们不需要一切从头开始，如果我们本身是良好的倾听者与观察者，就能够避免一些人生路上可能出现的陷阱。但是每个人必须有智慧地选择效法的对象。在幼年时期，无论好坏，父母都是我们最原始的学习榜样之一。成年后，我们有机会选择榜样——我们不仅可以选择好的榜样，也可以通过反面榜样，作为不良行为的示范。

我的学习中，有很大部分是来自于我在早期职业生涯中遇到的一个反面榜样。我称他为“搞砸医生”。搞砸医生是我的上司，人还不错，但是他在心理学上的直觉几乎都是错的。当时我正在接受实习，在我当驻院实习医生的头几个月非常吃力，直到后来我明白搞砸医生时常都是错的。一旦我明白了这个道理，他就成为非常有用的反面榜样——我从他身上知道什么事不应该做。

通常，我会把我的判断与搞砸医生的相比较，就可以知道该怎么做。如果我告诉他："嗯，这个人被诊断为精神分裂。他看起来是有点精神分裂，但是他的举动不能算是精神分裂……"而搞砸医生说："噢，绝对没错，一个典型的精神分裂病例。"我就知道我应该怀疑这个诊断。或者如果我说："这个病人不像是精神分裂，但是我怀疑他是，因为他的举动。"而搞砸医生却回答："噢，毫无疑问，他不是精神分裂。"我就知道我应该怀疑他是精神分裂。

所以要从其他人身上学习，必须敏锐觉察到细微的变化，让自己能够分辨好的与坏的榜样。许多人没有如此分辨，因此他们只有坏的榜样，当他们觉得必须模仿父母或其他坏榜样的行为时，就容易患上神经官能症。我曾经在养老院工作过一段时间，我以许多老年病人为反面榜样，学到如何避免他们的悲剧发生在我身上。对我而言，天下最悲哀的景象之一，莫过于年老了仍旧试图像过去一样控制一切。通常这样的老人对于年老或死亡都毫无准备。他们被困住了，有些老人想要自己打扫屋子，结果力不从心，屋里到处都是纸屑文件，事情也一团混乱。

如果这些病人愿意接受衰老的现实，放松下来，学习让其他人为他们做事，不就可以安享天年了。但正是因为他们拒绝学习如何放弃控制权，所以生活才一团糟。我不得不与他们的家人合作，把他们安置在有专人照顾的机构中，不管他们喜不喜欢。

这些可怜的老人就是负面的榜样，让我知道当生命步入黄昏时，我应该有所准备，放弃一些可以放掉的权利，我已经开始学习这么做。我只担心这种学习无法持续下去。

# 在复杂中摔打，在矛盾中抉择

第二部分

在生命中的某些时刻，最适当的做法也许是放下。

我们无法解决一切问题，所以必须选择自己的方向。

THE ROAD LESS
TRAVELED AND BEYOND

丨第四章

# 个人的生命抉择

生命的复杂在于我们同时是个人、家庭、单位、团体和社会的成员，我们做出任何一个抉择，都意味着牵一发而动全身。所以，在做抉择时，我们必须明白哪些是最重要的，哪些是次重要的，哪些可以舍弃，哪些必须保留。在这里，请首先让我把注意力集中到我认为最重要的抉择之一，即我们在心中所做的个人抉择。

如我所说，意识发生在选择之前。没有意识，就不会有选择。因此，我们在生命中所能做的最重要的个人决定，就是选择有意识的生活。然而，有意识并不会使抉择变得容易。相反，意识还会增加抉择的难度和复杂性。

为了说明抉择的复杂性，我们可以回忆一下自己是如何处理愤怒的。我们的脑内有一群神经细胞掌控着那些强烈的情绪，其中之一就是愤怒。人类的愤怒与其他动物的愤怒一样，基本上来源于领地意识。当意识到有外来生物侵犯我们的领地时，就会触发出愤怒。例如一条狗不小心闯入了另一条狗的领地，就会遭到愤怒地攻击。人类其实与狗差不多，不过人类对于领地的理解要复杂得多。人类不仅拥有地理上的领地，当陌生人不请自来，摘了院子里的花朵时，我们会愤怒，而且人类还有心理上的领地，当别人批评我们时，我们也会生气。与此同时，人类还有意识形态的领地，当有人中伤我们的信仰时，即使这些人远在千里之外通过网络批评我们，我们也会勃然大怒。

由于我们的愤怒神经细胞总是在发作，而且时常不合时宜，导致我们有时候只是感觉被冒犯，而不是受到真正的侵犯，也会怒发冲冠。所以我们必须有弹性地处理那些激怒我们的事情，这就需要我们学习一套复杂的系统来处理愤怒。有时候我们应该反思："我的愤怒毫无道理，很不理智，这是我的错。"有时候我们可以想开一点："这个人的确侵犯了我的领地，但他不是故意的，没有必要为此生气，甚至大发雷霆。"但是如果冷静思考后，仍然认为某个人真的严重侵犯了我们的领地，那么就必须对那个人说："听着，你侵犯了我，我对你的行为感到很愤怒！"当然，有时候我们也必须立即表示愤怒，当场迎头痛击那些侵犯我们的人。

当我们愤怒时，至少有五种方法可以处理怒气。我们不仅要知道这些方法，更要学习在什么场合使用什么方法。这需要对自己内心与外在环境都有透彻的觉察才行。难怪只有少数人能妥善处理愤怒，而且通常要到四五十岁时才能做到，许多人则一辈子都无法做到。

事实上，能够正面积极处理愤怒，以及生命中的一切问题与挑战，这种能力决定了我们心灵的成长。相对的，缺乏这种能力，我们就会拒绝成长，并导致自我的毁灭。

## 聪明的自私与愚蠢的自私

要成长，必须学习分辨自我毁灭与自我建设。当我还是心理医生时，我与病人经过五次会诊后，就不允许他们再使用“无私”这个词。我告诉他们，我是一个彻底自私的人，从来就没有无私地为其他人做过任何事。浇花时，我不会对花说：“花儿，瞧，我在为你做事，你应该感谢我。”我浇花是因为“我”喜欢花朵的美丽。同样，当我为孩子做事情时，是因为“我”想要成为一名合格的父亲，同时做一个诚实的人。为了使这两种形象能够完整地存在，我就必须时常身不由己，去做我平常不想做的事。

事实是，我们所做的任何事，或多或少都与自己有利害关系，例如捐钱给慈善机构是为了使自己有荣誉感。有人大学毕业后“牺牲”了高薪的工作，进法学院，希望将来做律师“造福社会”，其实他也是造福自己。一个妇女待在家里养育孩子而没有外出工作，她愿意为家庭奉献，但是她也因为这个决定而得到利益。

所以自私不是一件单纯的事。我会要求我的病人去区分聪明的自私与愚蠢的自私：**愚蠢的自私是逃避痛苦，聪明的自私是分辨何种痛苦是有建设性的，何种痛苦是非建设性的。**我谈了许多关于受苦与自律的道理，许多人也许会认为我是个受虐狂。其实我不是受虐狂，我是享乐狂。我看不出非建设性的受苦有任何价值，如果我头痛，第一件事就是去吃两颗止痛药，因为头痛没有任何好处，我完全不需要这种非建设性的受苦。另一方面，生命中有许多痛苦可以让我们得到建设性的学习，对我们精神的成长有很大的帮助。

对于“建设性”与“非建设性”这两个词，我喜欢用“存在性”和“神经官能性”这两个词来代替。存在性的痛苦是生存本来的一部分，是不应该躲避的。例如，放弃旧习惯的痛苦，改变的痛苦，重新学习的痛苦，面对打击和挫折的痛苦，面对衰老与死亡的痛苦等。从这么多的痛苦中，我们可以学到许多东西。承受这些痛苦，我们的心灵就能获得成长，变得越来越强大；逃避这些痛苦，则会让我们的心灵退化、人格萎缩。

而神经官能性的痛苦就是指逃避生存性痛苦所带来的痛苦，这些痛苦是我们自己衍生出来的，多余的，没有必要的。之所以说它们是非建设性的痛苦，是因为它们不仅不会帮助我们的心灵获得成长，反而还会阻碍我们，让我们不堪重负。这就像打高尔夫球，我们只需要 14 只球杆，而你偏偏要背上 98 只杆，让自己举步维艰。

50 年前，当弗洛伊德的理论开始渗透到知识分子中间时，有许多前卫的父母知道负罪感可能与神经官能症有关，于是他们决心要培养出毫无负罪感的孩子。对孩子而言，这是多么糟糕的一件事。我们的监牢里挤满了缺乏负罪感的人。我们需要一定程度的负罪感才能生存在社会中，这就是我所说的存在性负罪感。但是我也要强调，过多的负罪感不仅不会帮助我们生存，反而会阻碍我们的成长，剥夺我们生存的快乐和宁静的幸福。

还有另一种痛苦的感觉也是如此，这种感觉叫焦虑。每个人都需要一定程度的焦虑，才能有效地生活。例如，如果我要到纽约演讲，我也许会焦虑如何才能到达，于是我的焦虑会促使我去看地图。如果我不焦虑，我也许会迷路，留下上千名听众在纽约空等。所以我们需要一些焦虑才能好好活着。

但是，当焦虑超过了一定限度后，不仅不会帮助我们，反而还会妨碍我们。例如，我可能会这么想："万一我的轮胎漏气或发生了意外怎么办？要知道纽约市附近的人开车都很快，很危险。就算我到达了演讲的地方，万一我找不到停车位怎么办？"由于对去纽约焦虑不安，最后我不得不放弃："很抱歉，纽约的听众，这超过了我能力所及。"过分的焦虑会让我们忧心忡忡，丧失行动的能力。这种会限制我们行动的焦虑，显然是神经官能性的痛苦。

在生命中，我们所面临的最重要的抉择就是：要么逃避一切痛苦，最后承受神经官能症的痛苦，走向愚蠢的自私；要么选择承受存在性的痛苦，让心灵成长，走向聪明的自私。但是要做这个决定，我们就必须学习区分哪些是神经官能性的痛苦，哪些是存在性的痛苦。

我在《少有人走的路：心智成熟的旅程》中写道：

> 生活中遇到问题，这本身就是一种痛苦，解决它们的过程又会带来新的痛苦。各种各样的问题接踵而至，使我们疲于奔命，不断经受沮丧、悲哀、痛苦、寂寞、内疚、懊丧、恼怒、恐惧、焦虑和绝望的打击，从而不知道自由和幸福为何物。这种心灵的痛苦通常和肉体的痛苦一样剧烈，甚至令人更加难以承受。正是由于人生的矛盾和冲突带来的痛苦如此强烈，我们才把它们视为问题；也正是因为各种问题接连不断，我们才觉得人生苦难重重。
>
> 人生是一个不断面对问题、并解决问题的过程。问题可以开启我们的智慧，激发我们的勇气。为解决问题而努力，我们的思想和心灵就会不断成长，心智就会不断成熟。学校刻意为孩子们设计各种问题，让他们动脑筋、想办法去解决，也正是基于这样的考虑。我们的心灵渴望成长，渴望获得成功而不是遭受失败，所以它会释放出最大的潜力，努力将所有问题解决。“问题”是我们成功与失败的分水岭。承受面对问题和解决问题的痛苦，我们就能从痛苦中学到很多东西。美国开国先哲本杰明·富兰克林说过：“唯有痛苦才能给人带来教益。”面对问题，智慧的人不会

因害怕痛苦而选择逃避，他们会迎上前去，坦然承受问题带给自己的痛苦，直至把问题彻底解决。

## 责任的抉择

大多数人前来看心理医生，不是患有神经官能症，就是深受人格失调之苦，而这两种心理疾病都是因为在需要承担责任时，无法做出正确的抉择，都是责任感失调：神经官能症承担了过多的责任，而人格失调的人承担的责任又太少。他们都不能恰如其分承担责任。当问题出现时，神经官能症患者往往会把所有的错误揽在自己身上，人格失调症患者则将一切责任推给别人。

神经官能症患者与人格失调症患者说话的方式也不一样。神经官能症患者常常会说“我应该”“我本来可以”“我不应该”，总是觉得自己没有达到标准，做出了错误的选择，表现出一种内疚和自责的自我形象。而人格失调症患者则常常会说“我不能”“我无法”“我做不到”，他们缺乏主动承担责任的能力，显示出一种事不关己消极逃避的自我形象。

神经官能症患者的内心会陷入剧烈的冲突，很难获得宁静、快乐和幸福。而人格失调症患者由于不愿意承认自己有问题，所以很难解决问题。我在冲绳岛当陆军心理医生时，遇到两位女子，她们都非常怕蛇。她们的恐惧之所以成为问题，是因为这些恐惧严重干扰到生活。

冲绳岛上有一种令人恐惧的毒蛇，名叫哈布蛇。它的大小介于大响尾蛇与小蟒蛇之间，昼伏夜出。当时冲绳岛大约有 10 万美国人，每两年会有一人被哈布蛇咬死，而半数被咬死的人都是因为晚上跑进了丛林中，而不是在陆军宿舍区。由于宣传工作做得好，所有美国人都知道这种毒蛇，而所有医院也都备有解药。总之，好几年来没有美国人被蛇咬死。

第一位出现的女子约 30 岁，来到我的办公室见我。“我对蛇有一种很荒唐的恐惧，”她说，“我晚上不敢外出，不敢带小孩出去看电影，也不敢陪丈夫上俱乐部。我知道几乎没有人被蛇咬，可是我就是感到害怕，我真是太傻了。”从她的话语中可以发现，她对自己的表现很不满意，内心陷入了激烈的冲突。虽然她大多数时候都被困在家中，尤其害怕在晚上外出，但是她想要找出方法来减轻恐惧，不让恐惧妨碍她的活动。

弗洛伊德曾经指出，恐惧症通常是真正恐惧的替代品，代表患者不愿去面对掩藏在恐惧背后的更深层的恐惧。我从治疗中发现，这位女子从来没有真正处理过面对死亡与邪恶的恐惧，而这是有关存在主义的问题。一旦她开始面对这些课题，虽然她仍然会胆怯，但是她开始能够与孩子丈夫在晚上外出。感谢心理治疗，等到她准备离开冲绳岛时，她已经踏上了精神成长的路。

第二位女子对于蛇的恐惧，是我在她家做客聊天时才发现的。她40多岁，丈夫是一个行政主管。从谈话中我得知她的生活已经接近隐居。她很激动地说她是多么渴望回到美国，因为她在冲绳岛等于是被囚禁在家里。“我无法外出，因为那些可怕的蛇。”她说。她知道其他人会在晚上外出，但是她说：“如果他们要做蠢事，那是他们的问题。”更过分的是，她责怪美国政府以及冲绳岛，因为“他们应该彻底消灭那些恐怖可恶的蛇”。这就是典型的人格失调症，她不把恐惧看成是自己的问题，而把责任一股脑儿地推给别人。即使恐惧的病态表现得非常明显，她也不会想到去看心理医生。她放任恐惧妨碍她的生活，拒绝参加任何离开住处的社交聚会——即使那些聚会对她丈夫的工作很重要，她也会毫不犹豫地拒绝。

如这两个案例所显示，神经官能症比较容易治疗，因为患者接受责任，知道自己有问题。而人格失调症则比较困难，因为他们不认为自己是问题的根源，他们觉得一切都是别人的问题，而不是自己需要改变。

所以，在生活中，我们必须不断去分辨或选择我们应该负什么责任，不应该负什么责任，以求达到健康的平衡。分辨什么是应该负的责任，什么不是，这是人类所要持续面对的挑战之一，永远无法得到彻底的解决。在生命不停的变化过程中，我们要承担的责任也会发生变化。必须不断地评估与再评估自己的责任所在。没有既定的公式，每一个情况都是新的，每次我们都必须重新考虑我们的责任。这种抉择会出现成千上万次，几乎一直到我们死亡那一天为止。

## 服从的抉择

别人说的话，我们是听从，还是不听从；一些规矩，我们是遵守，还是不遵守；有些信念，我们是相信，还是不相信……当我们用自由意志选择听从、遵守和相信的时候，就相当于暂时放弃了自己的意志，服从于外在力量。但是要做出服从的抉择并不容易，我们必须仔细揣摩要服从的对象，必须弄清楚，我们在什么时候服从，什么时候不服从。例如，当年幼时，我们完全服从父母，但长大后，可能就只是在某些方面服从了。

服从，意味着“遵照您的旨意，而不是我的意愿”来行动。我们服从的对象可以是某个人、某个团体、某个组织、某种信念、某种价值观，以及某种力量。风靡美国的匿名戒酒协会服从的对象是“更高的力量”。这个词是指某种比我们个人更“高等”的事物，可以让我们去臣服。当然，我们也可以服从于光明、爱和真理。

服从于光明，可以解释为服从于意识的抉择，也就是觉察，包括外在的觉察与内在的自省。服从于爱，也就是选择将全部精力集中在某个人身上，从而促进自我和对方的心灵都获得成长。在《少有人走的路：心智成熟的旅程》中，我给爱的定义是：爱，是为了促进自我和他人心智成熟，而不断拓展自我界限，实现自我完善的意愿。

爱是复杂的，也是矛盾的。我们常常会把很多不是爱的情感误认为是爱，比如陷入情网、依赖和自我牺牲等。有时候，我们还会把施与当成是一种爱的表现，但是很多人却不愿意接受别人的施与，觉得会受到控制，仿佛要亏欠对方一辈子，结果施与反而会导致摩擦和怨恨，而不是真正的爱。

与此同时，我们认为“爱是温柔的，爱是仁慈的”，但是有些时候我们必须表现出“严厉的爱”。爱时常是神秘的，有时候需要温柔，有时候需要严厉。实际上，一直不断委屈自己迎合他人并不是真正的爱。对爱的服从并不是一味付出，任人践踏。就像我们终其一生必须选择我们的责任，我们也必须选择什么时候爱别人，什么时候爱自己。

我觉得爱的关键在于自我调整。除非我们能够真正爱自己，否则我们无法爱别人。在许多人际关系中，我们会看见人们以爱为名义试图改造对方。不管我们怎么想，这种改造一般都是自私的、控制的、无爱的。在我自己多年的婚姻中，莉莉与我必须努力克制自己，才能调整我们想要改造对方的欲望，实现一种包容、接纳与了解的爱。

许多人把爱与行为画上等号，他们觉得必须做些什么，才能符合自己与对方的期望。矛盾的是，许多时候什么都不做，只是保持自然的自我，而不要时时在意该做什么，就是爱的表现。例如，我非常喜爱谈论神学，但是基于爱，我克制自己与我的孩子谈神学，因为那会是一种侵略性的传教。在我的小说《友善的雪花》中，少女珍妮问她父亲是否相信来生。他的回答是“有些重要的问题，我们应该自己去寻找答案”。在这里，他收敛了自己的意见，这是他对女儿非常慈爱与尊重的表现。

谈到对真理的服从，也是非常复杂与必要的课题。在《少有人走的路：心智成熟的旅程》中，我说：“所谓自律，就是主动要求自己以积极的态度去承受痛苦，解决问题。自律有四个原则：推迟满足感、承担责任、忠于事实、保持平衡。”所谓忠于事实，就是追求真理，这是自律的一个原则。对于这个原则，我说偶尔隐瞒部分的事实也许是一种爱的表现，但即使这种微小的“欺骗”也可能具有危险性，我感觉必须对这种稀少的善意谎言建立更严格的判断标准。如果隐瞒了关键性的事实，这种做法并不亚于撒谎。这种谎言不仅不具爱意，而且会导致怨恨。它只会增添世界上的黑暗与困惑。相反地，**说实话是一种爱的行动，尤其是冒着危险说实话。实话减轻了黑暗与困惑，增加了世界渴望的光明。**

当我们说谎时，通常是为了逃避行动的责任，以及行动之后的痛苦后果。我永远感激我的父母在小时候经常教育我的一句话：“面对音乐”。这是一句美国俚语，意思是敢作敢当，面对后果，不要遮掩，不要说谎，摊在阳光下。这个意思虽然清楚明了，但是我后来才想到这句话有点奇怪。为什么是“音乐”呢？为什么要把这种可能很痛苦的事称为面对音乐，而我们通常觉得音乐是很愉快迷人的？我不知道这句话源自何处。也许字眼的选择很深奥，有神秘的意义。我的理解是，**当我们服从于真理后，尽管会感到烦恼和痛苦，但却与真实的生命取得了和谐，能够演奏出生命悦耳的乐章。**

在真理的抉择上，谎言仿佛只是针对他人。其实不然。我们更会对自己说谎。这两种谎言彼此狼狈为奸，造成永不停止的恶性循环。虽然我们无法永远欺骗所有人，但是自我欺骗的能力是没有止境的，在自我欺骗中，我们甚至不惜变得疯狂和邪恶，这是最终极的代价。自我欺骗不是善待自己，刚好相反，它就像欺骗别人一样恶劣，而且理由也相同——增加自我的黑暗与困惑，一层一层扩大阴影。所以，选择忠诚于自己，就是选择心灵健康，不是心理疾病，更不是邪恶，这是我们对自己最有爱意的抉择。

在个人信仰方面，我们面临了许多复杂的选择。如果我们选择相信某种事物，是否表示该事物就是真理？如果是这样，服从真理只不过是服从自己而已。所以，我们必须选择一个比我们更高的真理，服从于更高的意志。服从有两种状态：一种觉得举头三尺有神明，怀着敬畏之心，服从善良；另一种是拒绝顺服于任何高于自己意志的事物，怀着狂妄自大之心，服从邪恶和魔鬼。C. S. 刘易斯说："宇宙中没有中立之处，每一方寸，每一分秒，若不是属于上帝，就是为魔鬼撒旦所占据。"也许我们认为自己可以站在上帝与魔鬼之间，既不服从善良，也不服从邪恶。**但是"不选择也是选择"。走在墙上终究是危险的，不服从的抉择终究会将我们撕裂。**

## 职业的抉择

对大多数人而言，“职业”这个词往往被解释为谋生的技能或工作，通常是指赚钱的活动。其实它还有另一层含义，比如我们说一个人在某件事情上很“职业”，是指他在这件事情上很擅长。反过来说，这件事情也深深地吸引着他，使他心甘情愿为之付出，为之献出宝贵的时间和精力。在这种情况下，**职业更多的是指与天赋契合的事情，能够让我们全心全意投入的事情，能够激发我们热情和创造力的事情。**

我曾说：“爱，是一种自我完善的意愿。”所谓“自我完善”，在很大程度上是指我们竭尽全力将自己的天赋发挥出来，不留遗憾。其实这也是我们来到世上的使命。所以，**当我们面临职业的抉择时，一定要出于爱**，而不能人云亦云，或者靠虚荣心去做决定。纪伯伦说：

> 总有人对你们说：“工作是一种诅咒，劳动是一种不幸。”
>
> 但我要对你们说：“只有在工作中才能实现大地最深远的梦想，只有在劳动中才能真正热爱上生命。”
>
> 通过工作来热爱生命，就是领悟了生命最深的

秘密。

……

也总有人对你们抱怨："生活是黑暗的。"每当你们疲倦的时候，都会随声附和。

而我要说，生活的确是黑暗的，除非是有了渴望；

一切的渴望都是盲目的，除非是有了知识；

一切的知识都是徒然的，除非是有了工作；

一切的工作都是虚空的，除非是有了爱；

当你们带着爱去工作的时候，你们便与自己，与他人，与上帝紧密联系在了一起。

爱是一种主动的意愿，带着爱去工作，首先就需要我们找到真正热爱的职业。由于每个人都迥然不同，热爱的职业也就天差地别。有的人热爱成为家庭主妇，而有些人则热爱成为律师、科学家或广告公司经理。有些人到了中年时，才发现自己长期从事的职业并不是真正热爱的，而另一些人则花费数年——甚至一辈子——来逃避他们真正的天赋。

有一次，一名 40 岁的陆军士官长来找我，他在两个星期后就会被调往德国，而他感到有些轻微的抑郁。他说他与家人都很厌倦迁移，像他这种级别的军官很少会来看心理医生，尤其是为了如此轻微的症状。这个人还有一些特别之处：他不仅聪明能干，还很儒雅。他说自己喜欢绘画。我觉得他更像是一位艺术家，而不像是一位军人。他告诉我他已经服役 22 年了。我问他：“既然你如此厌倦迁移，为什么不退役呢？”

“我不知道退役后该做什么。”他回答。

“你可以画画呀！”我建议。

“不，那只是个业余爱好，”他说，“我无法靠它维持生计。”

我不知道他的画到底好不好，不能反驳他，只能继续与他聊些别的事情，“你的履历相当优秀，显然很有才能。”我说，“你可以找到很多好工作。”

“我没有上过大学，”他说，“我也不适合去推销保险。”我建议他可以用退休金回去上大学，他的回答是：“不，我太老了，在一群孩子里会不习惯。”

我让他一周后再来时带一些他最近的画作。他带了两幅画，一幅是油画，另一幅是水彩。两张画都很杰出，很现代，充满想象力，甚至有点夸张，线条与色彩的运用皆有独到之处。我详细询问，他说他一年能画三四幅画，但是从来没有想到去卖，只是送给朋友当礼物。

“听着，”我说，“你有真正的天赋。我知道艺术界竞争残酷，但是这些画绝对有人买。你不应该只把画画当业余爱好。”

“天赋只是主观的判断。”他喃喃说道。

“只有我一个人说你有天赋吗？”

“不止你一人，但是我不能想入非非，好高骛远，那样必然会摔得很惨。”

这时我告诉他，显然他在逃避自己的天赋，其原因也许是害怕失败，也许是畏惧成功，或者两者兼有。我提议为他开出不适合调任的医疗证明，他可以留在原岗位，我们可以继续探讨问题的根源，但是他坚持说去德国是他的“职责”。我建议他在德国找心理医生，但是我很怀疑他会采纳这项建议。我觉得他如此强烈地抗拒着他的天赋，恐怕永远也不能让其充分释放出来。这正是他感到抑郁的根源。

从事与天赋不相符的工作会让我们感到空虚和无聊，这样的工作不能释放我们的内心，不能调动我们的热情和潜能，只能让我们以混日子的心态停留在工作的表面，无法深入下去，从而变得无精打采，郁郁寡欢，甚至感到抑郁。

职业不仅是维持生计的工作，也是我们与这个世界取得深刻联系的方式，更是我们获得存在感的重要途径。那些有勇气听从天赋召唤的人，尽管会历经各种各样的困难，但是他们却活得充实和幸福，不会让人生留下太多的遗憾。

## 感恩的抉择

十年前，我收到两张支票，一张是演讲费，另一张是没留名字的捐款。我一向认为“天下没有免费的午餐”。但是当我一手拿着辛苦赚来的钱，另一手拿着令人惊喜的赠予时。我的心情变得很复杂。生活中有一些事情是理所当然的，比如我演讲就应该得到报酬，但还有一些事情则是意外的惊喜，比如那笔捐款。对于前者我可以坦然接受，而对于后者我却心怀感恩。

感恩，是感谢恩赐。恩赐不是通过努力争取来的，而是一种不期而遇的礼物。有一位著名的传教士告诉我一个故事，一个年轻的北方人出差去美国南方，这是他这辈子第一次来到南方。他连夜开车赶路。等他到了南卡罗来纳州时，饥饿难耐，就在路旁的餐饮店点了煎蛋与腊肠。当餐食被送来时，他很惊讶地发现盘子内有一团白色的东西。

“这是什么？”他问女服务员。

“玉米泥，先生。”女服务员带着浓厚的南方口音回答。

“但是我没有点玉米泥。”他问，

“你不用点玉米泥，”她回答，“这是额外赠送的。”

传教士说，这就很像恩赐，你不用点它，它是意外的惊喜。

**在我的经验中，能够把意外的惊喜当成愉快的礼物来享受，对于心理健康是很有益的。能够觉察到恩赐的人，要比无法觉察恩赐的人更懂得感恩，也更能给他人带来快乐。**

为什么有些人自然而然懂得感恩，而有些人则不能呢？我们很容易相信，来自于温暖家庭的孩子长大后会成为感恩的人，而缺乏家庭照顾的孩子容易成为愤世嫉俗的人，但问题是，到处都有例外的情况。我见过许多人童年生活在贫困、压迫，甚至残酷的家庭里，但是成年后却懂得感恩。相反地，我也见过一些人来自于充满温暖和爱的家庭，却一点也不懂得感恩。

**感恩的心很神秘，我相信感恩的心本身就是一项赠予。**换句话说，能够欣赏赠予的能力就是一项赠予。这也许是除了坚强的意志之外，一个人所能得到的最好的恩赐。但这不表示感恩的心不能经过培养来获得。

有一次，我督导一位心理医生的工作，他的病人是一名 40 来岁的男子，由于抑郁症前来寻求帮助。就抑郁症而言，他算是相当轻微的。也许更准确的描述应该是消化不良。仿佛整个世界让他感觉消化不良，使他胀气打嗝不止。他的症状持续了许久而没有改善。到了第二年快结束时，那位医生告诉我："在上次诊疗时，我的病人兴奋地告诉我，他开车时看到非常美丽的夕阳，使他情不自禁地大声赞叹。"

"恭喜你！"我说。

"为什么？"他问。

"你的病人跨过了一个障碍，"我说，"他正在迅速康复中。这是我第一次听到这个人怀着感恩的心欣赏生命，他不再沉溺于对事物的负面思考中，也走出了自我囚禁的牢笼。现在他能够发现周围的美丽并表示感激，这代表了惊人的转变。"后来我知道我的判断是正确的。那位心理医生告诉我，几个月后，他的病人仿佛成为一个全新的人。

诚然，一个人如何面对困境、好运或厄运，是判断他感恩能力的最好依据。我们是常常抱怨天气的恶劣，还是能够欣赏天气变幻之美？如果冬天被困在阻塞的车流中，我们是坐在那里怨声载道，气得想要毁掉前方的车辆，还是去想在暴风雪中，我们很幸运能躲在一辆车里？我们是习惯于抱怨工作，还是设法提高自己的技能？

实际上，我们可以把某些厄运看成是伪装的恩赐，与此同时，对某些好运也要保持谦逊，不把它们视为理所当然。小时候，我得到了一套已经绝版的《艾尔杰儿童冒险故事集》。我沉迷于其中。故事里的英雄人物对他们的处境都怀有一颗感恩的心，他们不会抱怨困难，反而把困难当成一种机会，而不是诅咒。我想童年时阅读这些书对我有极大的正面影响。

在生命中，我们很容易对厄运怨天恨地，而把好运当成是理所当然的事情。这样的心态无疑会把我们囚禁在自我的泥潭之中，无法抬头仰望星空，去感受生命的壮阔，及其深远的意义。

## 死亡的抉择

人生面临的最后一个抉择是，如何面对死亡。这不是死或不死的抉择，而是如何赴死。每个人都有一辈子的时间来准备。不幸的是，很多人总是回避衰老和死亡，期望长命百岁，幻想生命没有极限。我特别讨厌一个广告：一位 60 多岁的妇女原本患有风湿痛，现在服用了一些药后，正在神采飞扬地打网球，广告的结尾是所有人在欢呼：生命没有极限！

生命怎么可能没有极限呢？年轻时我们充满活力和探险精神，但是稍不注意，就会让生命越过极限，命丧黄泉。后来我们逐渐衰老，离极限越来越近。一生中，我们需要做很多抉择，诸如要不要结婚，与谁结婚，选择什么样的职业，退休后如何生活等。与此同时，我们在做选择的时候，也是在学习放弃。

如果我们衰老得不得不坐在轮椅上，就必须接受现实，放弃年轻时生龙活虎，跳上飞机周游世界的想法。

没有人喜欢变老，变老是一个逐渐被剥夺的过程，包括身体的灵敏度、性能力、容颜和权力，这个被剥夺的过程是令人痛苦的，必然会让我们产生失落和沮丧。但是不喜欢变老并不表示我们就可以否认变老的事实。随着逐渐变老，我们选择的余地越来越狭窄，必须学会适应。

死亡是最终极的剥夺。我常听很多人说，“如果”他们必须离开人世——仿佛他们可以选择似的——他们宁愿死得突然而且迅速。癌症与艾滋病之所以如此恐怖，是因为这种疾病让人死得很缓慢，很痛苦。对许多人而言，这个过程等于失去尊严。虽然被剥夺时的羞辱感令人沮丧和无奈，但是，我们却可以学习分辨虚假的尊严与真正的尊严。对于死亡的过程，自我的反应与灵魂的反应有云泥之别。我们的自我通常无法忍受肉体逐渐凋零的景象，视之为尊严的丧失。但是**尊严只存在于自我之中，而不存在于灵魂之中。**在被剥夺的过程中，尽管这是一场赢不了的战争，但是自我还是会进行猛烈地抗拒。而灵魂则欢迎被剥夺的过程。**当我们放弃抗拒时，我们也放弃了虚假的尊严，于是我们可以从容地赴死，带着真正的尊严。**

从容赴死并不是等于安乐死。安乐死是想把本质很苦涩的过程变得很轻松。在我看来，这是偷懒走捷径的方式，逃避了面对死亡的受苦过程，也逃避了灵魂升华的机会。从容赴死也不是否认死亡。有些人否认死亡的方式是拒绝写遗嘱，不谈他们面对死亡的感觉，即使他们知道自己来日无多，还在空想遥遥无期的未来计划。否认死亡也许可以缓解痛苦，但也会困住我们。它不仅阻碍了有意义的沟通，也阻碍了生命最终的学习。

我相信从容赴死是选择把剥夺视为净化，把死亡视为灵魂的升华，让生命的真正尊严得以彰显。在我的小说《靠窗的床》中，我描述养老院一些垂死的病人，他们仿佛具有神圣的光环，这种现象不是虚构的。当面临死亡的人真正经历了沮丧绝望的阶段，而到达接受死亡的境界时，真的会使旁人感觉到“光辉”，这是许多人亲身的经验。

当我们面对不可避免的变老和死亡过程时，只要我们愿意，我们可以选择升华，不是因为怨尤，而是因为谦逊。也许当我们终于学习接受一切都自有安排时，才会做出从容赴死的选择。不管是否相信来生，从容地走向死亡，迎向死亡的怀抱，都是对一种永恒信念的最高顺服，相信生命的一切都具备了最终的完整。于是，在这个最重要的生命抉择中，我们选择放弃一切选择，把灵魂完全托付于更高的力量。

## 空无的抉择

死亡是最终极的空无。就算我们相信有来生，仍然畏惧死亡的空无，因为我们并不知道另一边究竟是通往何处。

空无的种类繁多，浩若烟海，其中最重要的，也是最容易谈论而不至于显得过于神秘的是“无知的空无”。尽管我们这个社会倡导“无所不知”的心态，把承认无知等同于无能，但事实上，在我们生命中总有些时候，放弃无所不知的态度才是正确的，这种做法不仅是最合适的，还有益于心理健康。

在我的青春期时，一位拥有“无知的空无”的成年人给了我极大的帮助。高中 15 岁时，我决定离开那所极负盛名的学校。现在回想起这个生命的转折点，我很惊讶自己居然有那样的勇气。毕竟，我违背了父母的意愿，放弃了他们早已为我安排好的阳关大道。在那个年纪，我并不清楚我到底在做什么，对于所有人都渴望挤进去的“上流圈子”，我却不屑一顾。可是离开那所贵族学校之后，我该何去何从呢？面对不可知的未来，我感到非常焦虑和惶恐。我想在做这个重要的决定之前，应该先征求一些老师的建议。但是要找谁呢？

我想到的第一个人是辅导老师。事实上，我们有两年半的时间没有说过话，但他是出了名的好人。第二个人是脾气有点古怪的老主任，他是许多校友所爱戴的老师。我想“三”是个好数字，但是要找第三个老师有点困难。最后我想到了数学老师林奇先生，他是个比较年轻的老师。我选择他并不是因为有什么交情，也不是因为他特别和蔼可亲。事实上，我觉得他是个冷漠刻板的数学呆子，但是大家都说他是个天才。他曾参加过曼哈顿工程（美国原子弹研发计划）中的高等数学运算，所以我想我应该找个“天才”谈谈我的决定。

我先去找辅导老师好好先生，他听我讲了大约两分钟，就温和地打断了我的话：“斯科特，你在这里的表现的确欠佳，但是还没到无法毕业的地步。在这样优秀的学校以低分毕业，也要比你在其他学校以高分毕业管用。何况中途转学对你的记录没有好处。再说，我相信你的父母会非常不高兴。所以你为什么不安于现状，尽力而为呢？”

接下来我去见脾气古怪的老主任，他只让我说了半分钟话。“我们这所学校是全世界最好的学校，”他哼着鼻子说，“你的想法真是愚蠢至极，你最好给我振作起来，年轻人！”

我感觉越来越糟，最后去见了林奇老师。他让我一口气说完，花了大约5分钟。然后他说他仍然不十分了解，要我再多谈一些关于学校、我的家庭，我的信仰（他竟然允许我谈信仰！），还有我心里能想到的任何东西。所以我又继续说了10分钟，前后说了15分钟，对于一个沮丧又不善言辞的15岁男孩来说，这是相当难得的。等我说完后，他问是不是可以问我一些问题。受到大人如此的关注，我很乐意地回答：“当然可以。”于是他又花了半个钟头的时间，问了我许多问题。

最后，总共经过了45分钟，这个被公认为天才的老师坐在椅子上向后靠了靠，露出苦恼的表情说：“很抱歉，我无法帮助你。我不知道该给你什么建议。”

“你知道，”他继续说，“要一个人完全设身处地替另一个人着想是不可能的。但是就我目前对你的了解，如果我是你，我也不知道该怎么做。还好我不是你。所以你可以了解，我不知道该给你什么忠告。我很抱歉我无法帮助你。”

这个人几乎救了我的命。因为在45年前的那天早上，当我走进林奇老师的办公室时，我几乎到了自杀的边缘。而当我离开时，我感到如释重负。因为如果连一个天才都不知道该怎么办，那么我不知道该怎么办也就没有什么大不了的。

虽然林奇老师没有提供任何答案，不知道我应该怎么做，但是他选择了“承认无知”，结果却给我提供了最需要的帮助。别人都认为我放弃这所学校是一个疯狂的决定，不等我把话说完就急于表达观点，但是林奇老师愿意倾听我的心声，肯花时间在我身上，试着设身处地为我着想，他给予了我莫大的安慰，让我从困境中走了出来。

在生命的经验中，没有简单或容易的公式，我们都必须忍受某种程度的虚空，接受无知的痛苦。**当我们的内心变得虚空的时候，就能听见内心的声音。相反，如果我们始终认为自己无所不知，无所不能，那么我们就听不见内心的鼓点，踩不准命运的节奏。更重要的是，世上所有的邪恶都是自以为是的人干出来的，而不是那些心中虚空的人。**

丨第五章

# 团体的生命抉择

也许，我们会认为个人的生命抉择是由个人做出的，仿佛我们都是单一的个体。实际上，我们并不是单独存在的。人类是社会动物，人类所有的选择都会受到我们所属组织的影响。我所谓的组织不仅是指商业团体或者文化团体，只要是两个人或者两个人以上的组合，都算是组织。大到整个社会，小到一个家庭，都是一种组织形态。

组织化的行为几乎涵盖了所有人类的心理层面，因为所有人类行为几乎都发生在某种组织中。组织化的行为既包括个体在团体中的行为，也包括团体本身的行为。但是在这一章中我要把目光集中在前者。如果我们所做的决定只影响自己，那么我们自然可以为所欲为，为自己负责，同时承担后果，但是一旦牵连到其他人，我们就进入了道德与礼仪的范畴。

# 礼 仪

在过去 15 年里，我花了很多时间和精力，试图把两个非常重要的词从无意义的僵化状态中解救出来，这两个词就是：团体和礼仪。

在当今的社会，当我们谈到团体时，通常是指某种形式的结合。例如，我们可以把美国新泽西州的莫里斯镇当成一个团体，但事实上，莫里斯镇只不过是一个地理上的聚集，居民有某些相同的税收标准与社会功能，仅此而已，没有其他的事物把他们真正联系在一起。我们也可以把某小镇的长老教会当成一个团体，事实上，那些并排而坐的教友通常无法交谈关于生命中的重要事情。我把这样的人群聚集视为虚假的团体。

对我而言，真正的团体是善于交流的，而且其成员应该能维持高质量的沟通。近几年来我的主要生命重点不是在于写作，而是与他人一起合作建立团体鼓励基金会。这个基金会的任务是教导真诚共同体的原则，也就是人与人之间，以及团体与团体之间健康真诚的沟通。

在当今社会秩序崩溃的年代，基金会的工作使我想要重新唤醒一个已失去意义的字眼：礼仪。今日所谓的“礼仪”通常是指表面的客套。但是自古以来，我们一直都是客客气气地从背后暗算他人。20 世纪的一位老英国人对礼仪做出了较有意义的定义，奥利弗·哈瑞福说：“真正的绅士绝不会无缘无故地伤害别人的感情和自尊。”换言之，一个人的行为是否合乎“礼仪”，要看他的意识与动机。有时候也许有必要回击他人，但是关键在于我们是否明白自己的意图，觉察自己的行为。这需要我们有强大的自我觉察的能力。所以礼仪不仅是表面上的客套，而是“有意识的、有某种动机的组织行为，合乎道德而且服从于更高的力量。”

我们可以假设，任何选择追求意识进步的人，也是懂得礼仪的人。但是这里有一个大问题：为了有礼仪，我们不仅要觉察自己的行为动机，也要觉察我们所属组织系统的行为动机。礼仪要求个体有自我觉察的能力，也需要组织能够觉察自己的行为。所以，如果我们想要追求更高的礼仪，就必须对组织的系统进行一番思考。

## 系　统

在我接受医学教育的岁月里，最愉快的时光莫过于上显微解剖学课。当我透过显微镜观察人体器官的切片时，只能看见一些苍白的无法分辨的纤维，但是当我把这些纤维浸入有色的特定液体中，然后再观察，突然间仿佛进入了一个游乐场，一个使迪士尼都显得乏味的乐园。不管年龄、地位或健康状态，在显微镜下，我们的组织切片都十分美丽。

我这样观察着一个接着一个美丽的细胞，日积月累下来，我有了非常重要的领悟。每一个细胞不仅自成一个系统，也是另一种更大、更复杂系统的一小部分。具有吸收力的绒毛细胞、平滑的肌肉细胞，与连接它们的组织细胞，都是小肠的组织成分。而小肠又是消化系统的一部分，而消化系统又与身体其他系统配合。自主神经细胞的纤维刺激消化肌肉放松或紧缩以及腺体分泌，这些都是神经系统的一部分，再透过脊椎一路连接到脑部的细胞。每个器官都由细小的动脉或血管细胞连接到心脏，形成血液循环系统，而每一条血管中有不同的血液细胞，都是由骨髓制造出来的，属于造血系统的一部分。

事实上，我早已“知道”人体以及所有的生物体，包括植物，都是一种系统。但是在进入医学院之前，我并不知道这种系统是如此惊人的复杂和美丽。这时候我才在意识上，对于之前懵懂“知道”的事物有进一步的认知。每一个细胞都是某个器官的一部分，而每一个器官都是某个身体系统的一部分，而每一个身体系统都是整个身体的一部分。所以我想我的身体会不会是某个更大系统的一部分？换言之，我这个单独的自我，是不是某个巨大生物体的一个细胞？当然，作为一名医学院的学生，我直接或间接都与无数人有着联系，与给我付学费的父母，与教我的老师，与实验室的技术人员，与医院的行政人员，与制造仪器的工人，与我用仪器观察的病人，与加州的棉农，与北卡罗来纳州的纺织工人，与堪萨斯州养牛的牧民，与新泽西州种菜的农民，与把这一切东西带给我的卡车司机，与我的房东，与我的理发师……可以一直说下去。

所以，我成为一个“系统理论”的坚定信仰者。系统理论其实不是理论，而是事实。它的基本框架是，一切事物都是一种系统。从比细胞还小的细胞膜、细胞质到一个器官，或一个身体系统，或一个人体，我们全都是人类社会的组成分子。而人类社会则是与海洋、大地、森林以及大气相联系的，这就是所谓的“生态系统”。系统理论家时常把整个地球当成单一的生物体，而地球又是太阳系的一部分，当我们开始向太空做更深入的探索时，我们可能会觉察到银河与宇宙本身的系统。

虽然一切存在的事物都是某种系统的一部分，但是如果系统的一个组成分子发生变化，其他所有部分也必然会改变。直到最近几十年，我们才觉察到这个事实。我们明白了我们所做的一切几乎对环境都有影响，而那些影响可以滋养我们，也可以毁灭我们。

例如，几乎所有车主都有这样的经历，把汽车开到修车厂中进行很小的维修，但是回来的路上车又抛锚了。这种情况发生时，也许我们常常会埋怨，甚至诅咒修理工，怀疑他们做了什么手脚。但结果往往不是这样，只是因为崭新的零件会对发动机以及整个系统造成微小的改变，需要再做一些调整，有时候其他的老零件必须换掉，否则无法调整。

人际关系也是一种系统，特别是婚姻。在我们以夫妻为对象进行的心理治疗中，莉莉想出了“伸缩”这个概念，她的意思是，婚姻伴侣对于彼此的边界应该能屈能伸，也就是有弹性、不僵化。在治疗过程中，我们一再看到，当婚姻伴侣中的一方由于心理治疗而产生显著的改变或成长时，另一方也必须要跟着改变或成长，否则婚姻的系统就会破裂。

我不是说心理治疗是婚姻中唯一的变量，有各种各样的因素能够改变婚姻的状态。以我为例，当有小孩后，我与莉莉的婚姻状态就发生了改变；当孩子进入青春期时，又发生改变；当孩子长大离家后，又发生一次改变。不仅如此，当我们的经济情况发生改变后，我们的婚姻状况也会随之发生改变。而当我们从中年迈入老年，最后退休时，婚姻的状况也跟着改变。

所以，系统理论主张关系必须及时调整，否则系统就会出现故障。但是要有迅速改变的能力，就必须对所属的系统有敏锐的觉察，这就是困难所在。人类的觉察能力有深有浅，有强有弱。每个人几乎都能觉察到自己最急切的需要与渴望，但是对于自己的社会动机，以及动机背后的阴暗面，多半缺乏清晰的觉察，即使有一定的觉察能力，大多数人对于所属的社会系统还是身在庐山，无法及时察觉。

这种对于组织与社会的缺乏觉察，是我们心智上的漏洞，会让我们的生活变得千疮百孔。例如，一家企业的老板也许能觉察到他的公司是一个复杂的系统，但是从来没有把他自己的家庭当成一种系统来思考。有的人也许能够把家庭看成一种系统，但是对于雇用他们的组织却毫无觉察能力。

这种心智上的漏洞，常常是由自己的自恋造成。例如，在一座大工厂里，生产线的工人可能会认为自己是公司的核心，因此不会去关心其他员工或工作，毕竟，他们是真正的生产者，不是吗？而推销员可能也会认为自己是公司的核心，毕竟，要靠他们来推销产品，如果卖不掉产品，公司就不会存在。但是营销人员也可能认为自己才是公司的核心，因为他们如果没有好好调查市场，推销员怎么卖得掉产品？会计部门的人也许认为他们才是公司的核心，因为他们要平衡账目，使公司能够运转。而管理人员会认为他们才是最重要的，因为他们要建立公司的政策，所以对其他有不同贡献的同事都不屑一顾。

**我们的社会也是如此，到处都充斥着种族歧视与阶层偏见，不能觉察到他人的贡献，从而导致礼仪的沦丧。**对于自恋的人来说，他们关心自己都来不及了，根本没有时间和精力来发展社会的意识。正确的做法是，我们不仅关心自己，还愿意思考整个系统，扩展我们的意识，填补心智中的漏洞，否则我们不可能进化为更文明的社会。

## 道　德

我有一个朋友，曾是美军飞行员，越战被俘后，被囚禁了 7

年，受尽了酷刑。他在回忆录中写道，那些折磨他的人有非常清醒的组织化行为，他们了解自己的意图，十分清楚殴打和折磨会对俘虏产生什么样的影响。他们知道在酷刑的痛苦下，任何人都会崩溃，坦白交代，甚至投降。尽管对美国来说，越战不是一件光彩的事情，但是这并不代表虐待俘虏就是道德的。

所以礼仪不仅是“清醒”的组织化行为，还必须是合乎道德的，只有道德沦丧的人才会用酷刑对待俘虏。我举的这个例子，显而易见是不道德的，但是社会上还有很多不道德的行为是很隐约、很隐蔽的。道德最起码的准则是“人道”，也就是要尽可能地尊重人。如果能尊重人，就不会去羞辱人，折磨人。

近年来“世俗人道主义”十分流行。所谓世俗人道主义，就是肯定“人”是现实生活的创造者和享乐者，蔑视人具有神性的力量。这种人道主义就像是建筑在沙滩上的房屋，当情况艰难时，例如生意失败或纠纷丛生时，世俗化的人道就很容易土崩瓦解。从事新闻报道的记者常常认为自己是世俗的人道主义者，他们能够使大众获得正确的新闻和资讯，以维持社会的文明与进步。这也许没错。但是我们却知道太多的例子，记者为了抢一条新闻而把人道精神抛到九霄云外。

世俗人道主义的问题在于，它没有说明人类为什么是尊贵的，为什么要尊重人。世俗人道主义没有任何理论作为依据，于是就很难在遇到挫折和困难时获得超越。这就是为什么我认为符合礼仪的行为不仅要有“道德”，而且要能够“服从更高的力量”。这种“更高的力量”并不是指上帝或者其他的神，而是指光明、真理和爱，当我们真心服从于这些事物的时候，就算不信仰任何宗教，我们的行为也都具有神性。

谈到这种服从，让我再回到抛弃人道精神抢新闻的记者身上。虽然这些记者也许会尽量不说谎，只“依据事实”，但是在应该报道什么事实，应该隐瞒什么事实的决定上，他们一定会坚持己见。这样一来，事实就像统计数字，可以用来陈述你想要说的任何事物。在很多情况下，记者可以随心所欲地把事情描黑、描白或者描灰，除非他是一个非常有良心的人，否则他的选择将不会基于对真理的服从，而是怎么样写才能吸引更多的读者。就算这位记者忠于事实，在对新闻的诠释上仍然会被一整套的指挥系统牵连着。记者写好新闻稿之后，没有参与实际采访的编辑们还会加上自己的观点，因为他们必须负责想出标题、控制文字的长短与排放位置。以我的观点，最好的新闻应该是灰色的，因为事实通常很复杂。但是大多数的记者不愿意接受这种复杂性，因为这样无法产生吸引人的标题。他们自己都承认，他们会迎合读者的口味，显然忘记了迎合口味的新闻与事实之间的差距。

在处理道德的复杂性上，区分“教条道德”与“情景道德”对我们很有帮助，几乎直接触及了问题的核心。教条道德是历史上被规范的道德标准，最早的例子是《汉谟拉比法典》，这是古代巴比伦王朝的律法，而最为人熟知的则是十诫。这样的教条昭示某些行为是错误的、邪恶的，在任何情况下都不可为。例如十诫中有一诫是“不可杀人”，它没有说“不可杀人，战争例外”，或“不可杀人，自卫例外”；它只是规定“不可杀人”，斩钉截铁，没有如果、可是或例外。然而，情景道德的基本原则是，所有的道德判断都必须要视当时的情况而定，不像十诫，情景道德允许战争与自卫时杀人。

我们的社会已经开始从简单的教条道德进化为情景道德。这在美国的司法系统中明显可见。如果你去拜访律师，会看见他的办公室书架上都是笨重的大书，而这些书籍里都是情景性的法律案例，这些案例会说：“不可毁约，除了在‘约翰控告史密斯’案中例外，由于某种的情况所致。”或者“不可毁约，除了如‘布朗控告泰勒’一案中的情况。”

要采取情景道德，个体必须能够自身担负起整个司法系统的责任，我们必须在自己心中有一个能干的辩护律师、一个称职的检察官，与一个无私的法官，才能成为健康与完整的个体。人格失调症患者总是有一个非常强悍的内在辩护律师，与一个软弱的内在检察官或良心。神经官能症患者则有一个强悍的检察官，与一个软弱的律师，无法为自己辩护。而有些人的头脑里有相当能干的辩护律师与检察官，但是，为了某种理由，他们非常优柔寡断，难以做出决定，因为他们缺少了一个好法官。

我全心全意赞成社会（以及个体）朝着情景道德的方向发展。身为心理医生，我深深了解僵化的教条道德时常会造成不良的后果。但是要先考虑两件事：第一是情景道德没有任何固定公式可遵循，所以只要情况发生细微的改变，健康的个体就有责任重新考虑自己的行为。在某种情况下也许可以怪罪某人，在稍微不同的情况下也许就必须原谅他。没有固定的公式，我们就永远无法当场确知我们所做的是对的。我们必须以“无知的虚心”行事。

另一件要考虑的事是，教条道德并不是无用的。例如，如果没有一个严格的教条道德规范我们“不可杀人”，我们就很容易走向暴力和战争，根本不去分辨哪些是正义的战争，哪些是非正义的战争。

## 依赖与合作

我们都需要依赖别人，这种需要可能是心理上的，也可能是物质上的，但是过分地依赖会让我们陷入依赖的陷阱，使独立的个体感觉自己需要他人无时无刻地关注，否则就会觉得不完整或不快乐。依赖会造成许多问题，其中之一是病态的嫉妒。但是，对于依赖，我们也要视情况而定，不能一概否定。那些人与人之间美好的彼此帮助，相互扶持，则是值得我们去赞美的。

曾经我本着草率的个人主义道德观，相信我们都必须独立自主，立足于自己的双脚，做自己命运的主宰。这没什么不对。但是草率的个人主义道德观有一个大问题，它忽略了现实的另一面——我们都是有缺陷的，都有力所不及的领域，我们不能什么都做，所以无法独自生存，必须相互依靠。个人主义的道德观只是半吊子的真理，使我们隐瞒自己的弱点，对自己的缺失感到羞愧。它迫使我们成为超人，时时刻刻都要“十全十美”，在这样的道德观念下，教堂中的人虽然坐在一起，却无法互相谈论彼此的痛苦、沮丧与失望，他们躲在自恃的外表后面，仿佛对自己的生命有着完全的控制。

在《不一样的鼓声》中，我驳斥了这种简略、一边倒、缺乏矛盾、虚假的道德观，而开始在真诚共同体的观念中强调相互依靠。这种相互依靠最显著的例子，来自于我帮助建立真诚共同体的工作中。但是我也要谈谈相互依靠在最小的组织（婚姻）中的意义，特别是我与莉莉的婚姻。在我们的婚姻中，莉莉主要的角色是家庭主妇，而我则负责赚钱养家。有好几年时间，我们俩担心这些角色是否是由文化或性别的偏见所造成，但是我们逐渐明白，这些角色不是偏见的产物，而是我们自己非常不同的性格所造成的。

从婚姻一开始，我就注意到莉莉有点缺乏组织性。她时常会沉迷于观赏花朵，而忘了与人的约会或原本要写的回信。相对的，说得好听一点，我从一开始就积极进取。我从来没有时间停下来赏花，除非它的开放刚好符合我的行事历，如果是这样，每周四下午两点到两点半就是赏花时间，下雨例外。

更过分的是，我常常会责备莉莉喜欢说些无关紧要的话，太注重生活的细节，而耽误了时间。她也同样会苛责我守时近乎死板和疯狂、缺乏生活情趣，以及坚持在说每句话之前都先加上“首先”“其次”“第三”与“总结”。莉莉相信她的做法比较优越，而我则坚持我的长处。莉莉担负了养育子女的重责大任，而我尤其不擅长与孩子玩耍。当我必须按照行事历来做事时，怎么能好好陪伴孩子呢？即使自己放下行事历，但是满脑子想的都是尚未完成的书，又怎么能做到全心全意与孩子玩耍呢？然而，莉莉能够耐心地与孩子玩耍，她也参与我的书的写作。就如我在《少有人走的路：心智成熟的旅程》前言中所说：“她兼具配偶、父母、心理治疗者的角色，她的智慧和慷慨，给了我莫大的帮助。”但是她却无法很好地规划自己的时间，所以，不能日复一日、月复一月地从事枯燥的写作。

随着时光的流逝，渐渐地，莉莉与我都愿意把过去看起来是缺点的东西，当成美德，把诅咒当成祝福，负担当成资产。莉莉有栽花的天赋，我有组织的长才。这些年来，我学会如何顺其自然，更有耐心与专注地与孩子及他人交往。同样地，莉莉知道虽然她已经有所改进，可她永远不会有组织性。但是我们却学会欣赏彼此不同的风格，视之为天赐的礼物，并且开始把对方的天赋与自己的长处融合在一起。结果她与我都逐渐变得更完整，但是如果我们没有先认识到彼此的缺点，并了解相互依靠的价值，这一切都不可能发生。

“相互依靠”这个词唯一的问题是，会被人误认为是“相互依赖”。其实，“相互依靠”是彼此发挥自己的优点，而“相互依赖”是彼此助长双方的缺点，这种做法通常会受到正当的谴责。但是我相信在婚姻中，避开双方的局限是很重要的。至于什么时候要避开局限，什么时候要批评或对抗，这种痛苦的决定只有借助“虚心的无知”才能做到。

我虽然不想放弃“相互依靠”这个词，但是使用另一个词也许更有帮助——“合作”。“合作”是指一起共同努力。在我们与大型企业组织的活动中，莉莉与我发现大型组织通常对于合作都有待学习。而当我们反观自己的婚姻组织时，我们都觉得我们在共同努力上做得不错。如果组织的合作十分贫乏，其中的系统就会显得很丑陋。相应的，如果合作良好，不仅组织会有效率，其中的系统也会美丽异常，散发出某种神秘的光辉。

## 责任与结构

正如我所描述的，莉莉与我在 37 年的婚姻中，都担当了不同的角色。当组织中有不同的角色时，立刻就产生了两种重要的因素：责任与结构。

我能够依靠莉莉做好家务事，因为她不仅愿意做，而且做得很好。她也可以依靠我来赚钱。我们安分地扮演这些角色，因为我们觉得自己有责任如此。换言之，我们彼此都要为此负责。这种情况的缺点是，接受责任就表示要接受监督。而优点是，接受责任的人也受到了信赖。如果莉莉在家务事上严重失误——也就是无法再负责——我就不会再信任她承担家务事的角色，于是就得接管控制。如果她的失误是由于暂时的疾病，这种接管就很单纯自然。例如，当她生下第三个孩子后，有乳腺发炎的症状，于是我很自然接管了照顾婴儿与其他两个小孩的责任。但是，如果不是因为暂时的情况，那么我们的婚姻结构就必须有重大的改变。

所以不同的角色与责任意味着结构。像婚姻这样的组织虽然很小，但并不单纯，它的责任和结构也许很不正式，会随时变化，丈夫可以临时烧饭，而妻子则可以为家庭做出重要的决定。但是随着组织变大，责任和结构就必须要正式化，必须严格划分工作和责任，才能维持组织结构的正常运行。

几乎所有商学院都有类似“组织理论”的必修课程。厚厚的教科书会列出种种可能的组织结构，供企业主管来选择。虽然看起来十分广阔复杂，其实道理非常简单，只有一个主要的原则，那就是“随机应变理论”。随机应变理论就像系统理论一样不只是理论，也是事实。简单地说，就是天下没有一种最佳的组织形式。对于任何特定的组织而言，最好的结构是要看整体的配合与其他因素而决定。

在这些其他的因素中，就包括了成员的性质。咨询性质的组织就不像一般生产型企业，需要招揽推销人员。这种情况在婚姻中尤其明显。根据随机应变理论，婚姻没有最好的组织结构。虽然莉莉与我的婚姻似乎遵循了固定的角色安排，但是这种组织是我们相异的性格与天赋的产物，绝不能当成一种正确的典范。你无法把良善变成刻板的公式。我可以提供不正确婚姻的固定公式，但我无法提供良好婚姻的组织模式。每种情况都不相同，因为参与的伴侣有很大差异。

小如婚姻，大至企业，每当系统中有责任结构时，也就有权威结构，这不表示权威无法分享。例如，莉莉与我所存的钱是我们平均分享的，关于小孩与主要投资的重要决定也是一起计划的，不过在个人方面，我们对于自己的领域都保持有限度的权威。

有一个企业总裁在团体鼓励基金会担任董事委员，他教会我们一个观念："知识的权威。"莉莉能够完成她的家务角色，不需要我的监督，是因为她有知识权威。例如，几个星期前，当我出去办事时，莉莉要我顺便买一些芹菜。店里的芹菜都有些枯萎，但我还是买了一把，因为我懒得跑 40 千米路去买新鲜的。当我把这些难看的芹菜交给莉莉时，不免有点不好意思。她立刻说："噢，没关系，泡在水里就可以了。"几天后，那些芹菜看起来就像刚采下来的一样新鲜。莉莉对家务事很在行，她具有知识权威。

虽然有责任系统，但我们的婚姻完全不是专制的，我们没有一个人是老板。但是在大型的系统中，比如企业组织，如果没有阶层之分，就不可能建立责任结构。每个企业都有不同的阶层形式，视企业的性质而决定，但是最后责任必然有所归属。许多人对于专制的权威系统有不愉快的经历，于是就不信任一切结构。我们要小心这种态度。也许存在一些不良的结构，但是不可能所有结构都是坏的。这些年来，我知道不仅小孩需要结构，成人也一样需要。

公司雇员时常因为缺乏结构而感到痛苦。我在31岁时首次明白这个道理，当时我被派到冲绳陆军医学中心担任心理治疗部门的主管。我要负责管理约40个人。在这之前，我从来没有管理过任何人，我也没有接受过任何管理上的训练。但是从我一上任之后，自己心里就非常清楚我将采取什么样的管理风格。我要与以前所有管理过我的权威性长官都不一样。

虽然当时我不清楚“共识”的意义，但是我要朝这个方向努力。当然我采取的方式是深入细致的咨询。如果没有咨询有关的人，我不会下任何行政命令，同时我尽可能让属下在职业能力范围之内拥有决定权。因为这是一个医疗的“专业”部门，我觉得不用讲究阶层，所以我不要他们称呼我派克少校。不久大家都亲切地喊我“斯科特”。我成了好好先生。而且很管用，气氛非常和谐，大家都口口声声赞美我是个好长官，他们多么高兴能摆脱以前那个笨中校。工作进行得很顺利，下属的士气也很高昂。

但是大约6个月之后，情况开始恶化，刚开始时几乎毫无觉察。和谐的气氛消失了，大家也不再说这是多么好的工作环境。“好吧，”我告诉自己，“蜜月期结束了。又能怎么样呢？现在恢复了原状，没有什么大问题。”但是到了第9个月，情况变得更糟。工作虽然照旧，但是偶尔会有争吵，我也找不出症结所在。当然不会是我的问题，因为我难道不是一个天生的领袖吗？一年之后，显然有地方不对劲。争吵越来越多，工作也受到影响，许多小事情都无法完成。

这时候，命运女神似乎对我伸出援手。有一座新的医学中心即将完工，医院主管告诉我，我所属的部门将要搬迁到那里。当时我们的办公室又拥挤又寒冷，令人丧气，新的办公室既现代化又通风，可以俯瞰太平洋，也铺了地毯。这实在是一个令人高兴的变动，应该可以提升大家的士气。

结果不然，反而更糟糕。越接近搬迁的日子，部属就越来越焦躁不安。他们为办公室的分配问题争吵不休，档案装箱的进度也落后许多。很明显，现在我应该负起责任，采取行动。但是要做什么呢？我对部属宣布，第二天上午我们将在新的会议室开会讨论大家的问题。以后我们每天都要召开同样的会议，直到找出问题的症结为止。

接下来两天的会议，每天开 4 个小时。这是我记忆中最激烈的会议。大家相互指责，我也成为被攻击的对象，每个人都很气愤，都满腹牢骚，但是他们的牢骚都很挑剔与肤浅，没有什么道理可言。真是一团混乱。但是到了第二天上午快结束时，一个年轻的士兵说：“我感到无所适从。”我请他加以说明，但他说不出所以然来。大家继续争吵着，而那位年轻人的话一直在我心中回荡。当天早些时候，有人对我说：“这里的一切都很暧昧模糊。”前一天，也有另一个年轻人如此抱怨：“我们好像漂浮在茫茫大海中。”于是我告诉大家，我需要时间思索，他们可以回去工作，以后不用再开这种会议了。

散会后，我坐在我的办公室里，瞪着天花板思索，午餐也没有吃。难道我们这个部门需要更严格的结构？什么样的结构？还是更清楚的阶层？他们要我怎么做，希望我使唤他们，把他们当成小孩子一样？但是这完全违反我的个性。毕竟，他们大多是年轻人，也许他们希望我扮演父亲的角色？但是如果我真的专制地命令他们，他们会不会怨恨我？我想要当好好先生。经过仔细思考后，我想我的工作并不是成为受人欢迎的人，我的工作是把这个部门管理好，使大家有最佳的表现。也许他们是需要更强硬的领导方式。

我把负责的士官长找来。要他把新办公室的蓝图带来。他拿来后，我把心理诊所的蓝图摊开在我的桌上，指着靠角落最大的一间办公室，宣布说："这是我的办公室。"然后，我让他记下我的指示，不容他发表意见。我继续指点着蓝图上其他较小的办公室："艾密上尉的是这一间，你的是这一间，雷恩士官这一间，哈伯孙中尉这一间，库伯曼二等兵这一间，马歇尔上尉这一间，摩斯利士官这一间，恩诺维二等兵这一间……现在请你把我的安排转告所有人。"

部下群情激愤的声音几乎响彻了整个岛，但是到了晚上，士气已经开始好转，第二天已经明显地提升。到了周末，整个部门几乎已经回复到最佳的状况。他们仍然称呼我斯科特，而我的领导方式虽然没有像以前那么"刻板"地反权威，但却能够做到严肃活泼，在我的任期之内，士气一直维持相当高昂。

这可以说是一个成功的故事。因为我最后承认有问题，而且是我的责任。我采取了正确的步骤诊断问题，并且调整我的行为以符合组织的需要。这个例子可以说明，只要简单的调整，就可以成功地改变一个系统。然而，这也可以算是一个失败的故事。因为事实上，整个部门由于我的领导不力，而受了六个多月的罪。不可否认，在采取行动的六个月之前，我们就有了严重的士气问题。为什么这么久我才发现?

原因之一是我的自尊。我不愿意相信我的领导能力大有问题。而我的一些心理需要也助长了我的自负——我需要为组织提供一个充满爱心、不带权威的管理风格，而我也需要部下时不时给予我感情与爱戴的回馈。直到最后那一天，我才开始思索我的需要是否符合了组织的需要。我终于恍然大悟，我在组织中所担任的角色不是要受人欢迎，而是把工作做好。

我从来没有想到，管理组织有不同的方式，而不是只有一种最好的方式。那时候我也没有听过“随机应变理论”。我的团体意识是如此的有限，没有想到手下的人是这么年轻，因此他们需要更强硬的领导方式，明确划分责任和结构，而不像另一些组织，成员都很成熟、自主性强，需要相对宽松的环境。但是，不管是严厉，还是宽松，任何组织都需要结构，我们之所以陷入混乱长达几个月，皆是因为缺乏结构。

不过，结构是有弹性的，这一点非常重要，却常常被人们忽略。要想团体发挥能力，就不能采取僵硬的权威结构。但是这不表示组织要完全放弃权威结构。我曾经说，个体心理健康的主要特征是要具有心理弹性应对系统的变化，其实这也是组织健康的特征。同时拥有结构上的弹性和权威，能够视情况而应变，显然要比只有一种方式运行的组织更健康，更充满活力。

## 边界与伤害

一旦建立了责任与不同角色的结构后，就会产生边界。边界犹如一把双刃剑：一方面，这种边界是必要的，可以维持结构的稳定，如果产品推销部门的人觉得自己可以毫无顾忌地闯进生产部门，指挥他们如何制造产品，结果将是一团混乱；另一方面，如果两个部门的边界过于严格，没有任何沟通，整个结构就会变得僵化，失去效率。

边界不仅是企业管理者需要考虑的问题，每个人也都面临边界的问题，在婚姻、家庭、亲戚、朋友圈以及工作中，我们每天都必须做出选择，找准自己的位置，不能越界，挤压别人的空间。

实际上，只要我们懂得尊重他人的边界，就很容易找到自己的位置。如果没有觉察到他人的边界而行事，最后一定会惹怒别人，遭受惩罚。这些边界因人而异，因文化而异。例如，心理学家表示，在不同的文化中，人与人之间必须保持适当的距离才会感到自在。在美国，这段距离相当大，我们与刚认识的人谈话时，通常必须保持三尺以上的距离。在印度，标准距离也许只有一尺。这种身体距离的界线，就是心理学所说的

“给彼此一点空间”。

当然，这种空间远比实际的距离更为复杂。例如，12 年前，莉莉与她的母亲一起搭乘渡船，当时她母亲刚开始出现老年精神衰弱的征兆。她们坐在一起，她母亲在莉莉的黑发中发现一根白发，于是她问都没有问，就伸手把那根白发拔掉了。莉莉自然感觉受到侵犯。当然这种侵犯不像被强暴或遭遇抢劫谋杀那样凶残和邪恶，但毕竟也是一种侵犯。这个例子说明，我们常常不自觉地会在一些细小的事情上侵犯他人的边界，招惹他人的厌恶。

然而，很多时候，我们又必须侵犯他人的边界，干预他人的生活。而最苦恼的是，我们很难确定何时应该去干预孩子、朋友以及父母的生活，何时应该顺其自然；何时去质疑一个似乎走上歧途的朋友；或何时要帮助年老的父母接受照顾，即使他们并不愿意。我们没办法知道。这没有固定的公式。所有这些决定，都必须在“痛苦的虚心”中做到。我们再度面临了生命中的矛盾，我们必须尊重他人的边界，而在某些情况下，又必须干预他人的生活，不管他们多么讨厌或者憎恨我们这么做。

不过，在我看来，更大的问题是在建立自己的边界时，学习去觉察他人的边界，知道何时尊重这些边界。当心理医生时，在我的病人中，我觉得至少有一半人患有我所谓的“吊桥”症状。我会对他们说：“我们全都生活在一座城堡里，城堡周围有一条护城河，护城河上面有一座吊桥，我们可以随时放下吊桥打开大门，也可以及时拉起吊桥关闭入口。”病人的问题是，他们的吊桥常常不起作用。他们也许会让吊桥形同虚设，一直敞开着，允许所有人侵入他们的城堡和私人空间，任意逗留，造成伤害；要不然拉起吊桥，一直紧闭大门，不让任何人进入城堡，把自己隔离在孤独和寂寞中。这两种情况都是有害的。

这些病人缺乏了自由，以及有弹性的应变系统。我曾描述过一个女子，她会与所有约会的对象上床，当她觉得自己是在犯贱之后，又完全停止了约会。她花了很长时间才明白，有些男人一定要拒之门外，有些男人可以请他到客厅，但不能到卧室，而有些男人可以被允许进入卧室。她以前完全没有想到，对于不同的男人至少有三种应对方式。她也不知道自己有力量做选择，画下界线，保护自己的领域。

何时放下我们的吊桥，何时拉起来，这是个人的选择。但是这个选择带来了另一种复杂性。如果我们一直开放吊桥，人与事也许会涌进我们的生命，造成心理上的伤害。许多人对于这种困境的处理方式，是在生理上允许吊桥开放，但是心理上的吊桥却紧闭着。这相当于一个企业管理者欢迎属下随时可以进入他的办公室，但是却不听取任何人的意见。生命需要面对的困境之一，是我们必须时刻决定自己在心理上被人和事影响的程度，即“接受伤害”的程度。

受到外界事物和人的影响，或多或少会刺激我们，对自我产生冲击，这就形成了伤害。但是，如果我们把自己永远封闭在城堡之内，完全与世隔绝，虽然不会受到刺激和伤害，但是我们的精神会在孤独和寂寞中停止成长，人格也会随之萎缩。

“接受伤害”是指允许自己放下吊桥，在与外界接触的过程中承受一定程度的伤害。在决定我们接受伤害的程度上，首先我们必须分辨疼痛与伤害。在演讲中，为了说明这种区分，我会询问听众中是否有人自愿接受一项痛苦的实验。所幸总是会有一些勇敢的人自告奋勇。我请自愿者上台，然后狠狠掐他手臂一下，然后我退后一步问道："你感觉痛不痛？"自愿者强烈地表示疼痛，然后我问："你有没有受到伤害？"自愿者通常表示虽然感到疼痛，但是没有什么永久性的伤害。疼痛更多是身体上的，伤害更多是指情感上的。

在大多数情况下，**故意让自己受到永久性的情感伤害是非常愚蠢的。但是有限度开放自己，允许自己接受一些情感上的伤害，则是非常聪明的做法，**因为情感上的冒险也许能带来情感的成熟和心灵的成长。这里必须再一次分辨聪明的自私与愚蠢的自私。记得吗？愚蠢的自私就是逃避所有存在性的痛苦，而聪明的自私是回避不必要的神经官能性的痛苦，进而选择承受生命中有意义的痛苦。

所以为了自身的成长与学习，我们必须能够开放自己，接受适当的伤害。这也有助于有意义的沟通与组织化的行为。如我在《如何回报》一书中所写的：

> 当一个人冒险说出以下话时，会有什么结果呢？
>
> "我感到很困惑，不知何去何从，我感觉迷失孤独，我疲倦而害怕。你能帮助我吗？"这样的脆弱几乎使人无法抗拒。

“我也很孤独疲倦。”听者多半会这么回答，然后张开双臂。

但是如果我们想维持“男子汉”的形象，无所不能、占尽上风、紧紧抓住心理防线不放，会怎么样呢？我们就封闭了自己，而对方出于同样的防备心理，也不会敞开心扉，两个人在一起没有真正的交流，如同两个空铁桶在夜间空洞地碰撞。

我不建议人们完全接受伤害或随时接受伤害。但是，如果想要在这个世界扮演一个能够助人的角色，就必须有能力选择接受某种程度的伤害。亨利·诺温在《受伤的医疗者》中说，如果要成为有效的医疗者，就必须允许自己在能接受的范围接受持续的伤害，此言不虚，只有了解自己的伤痛，才能够医疗他人的伤痛。

但是，我必须再强调一次，这是有限度的。一个名叫约翰·凯利的人曾经告诉我一句很有禅意的话：“用一只眼睛哭泣。”这句话不是说要敷衍地接受伤害，而是说要避免永久性的伤害。这里有必要分辨同理心与同情心。同理心是能够体谅他人，在某种程度承担他人的痛苦，基本上是一种美德。而同情心则像是一种共生体，完全认同他人。我不是说同情心都不好，但是如果你完全沉浸于他人的沮丧中，最后连你自己也变得沮丧，这不仅是不必要的负担，也使你无法帮助那个人。

不用说，这种区分对于心理医生而言极为重要：心理医生的特长之一，就是能够同时介入与抽离。这就是用一只眼睛哭泣的真正含义。但是这种能力不是属于心理医生的专利，任何想要帮助他人的人都必须发展这种能力。

## 力　量

力量有两大类：政治力量和心灵力量。政治力量存在于组织结构中，这是组织结构固有的一种功能，组织中的领导人可以凭借地位和权力施展影响力，让成员服从于他的意志。政治力量存在于权力之中，也存在于金钱之中，然而，它并不属于拥有权力和金钱的人。一个人拥有政治力量是暂时的，他也许可以拥有一段时间，但最后总会被夺取，即使不是被撤换或者强迫退休，也会因为年老，以及最终的死亡而结束。政治力量与品性以及智慧无关，最愚蠢、最邪恶的人，也可能成为地球的统治者。

心灵力量不存在于权力、地位和财富之中，而存在于一个人的内心，与组织结构没有任何关系，它对人的影响也不是表面的，它能够深入人心，即使拥有心灵力量的人死亡之后，他的力量依然存在，可以永远影响我们。有政治力量的人通常不具有什么心灵力量，反之亦然，有心灵力量的人时常陷于贫穷或无权的处境。

我并不是说政治力量与心灵力量毫无交集。我有幸认识几位极有权力的管理者，他们是非常能自省的人，也非常关心他人。他们在工作上会承受相当大的痛苦。基于需要，他们以一只眼睛哭泣，敞开内心，接受伤害，有着强大的心灵力量。但是大多数人并不是这样，正如阿克顿公爵著名的箴言："权力会导致腐败，绝对的权力绝对地导致腐败。"

在我的生命中，最痛苦的经验莫过于1991年时，由于经济不振，团体鼓励基金会连续两年出现严重赤字，必须裁员精简。身为组织中的管理层，我必须参与痛苦的决策过程，解雇八位非常能干的人。这个时候，一些主管运用了政治力量，他们变得无情无义，铁石心肠，完全失去了心灵力量。

高级主管所能拥有的最大力量，是用他们的精神来建立组织的精神。如果他自己很凶恶，这种凶恶就会影响整个组织。如果他总是撒谎，组织也会变得不诚实。尼克松时代，从1970年到1972年，我在联邦政府工作，就感受到这种影响。当时"欺上瞒下"的风气到处弥漫。国家作为一个组织，也变得虚伪，以至于发生水门事件这样的丑闻。相反，如果一个高级主管是一位诚实的人，也许就会出现一个不寻常的诚实组织。

政治力量只能被少数人拥有，而心灵力量却可以为大多数人拥有。虽然在某种程度上，心灵力量源于意识的拓展和进步，以及灵魂的升华，但归根结底在于选择，人们可以选择滋养灵魂，也可以选择忽略灵魂。所以，当我们选择了意识的进步、学习与成长，选择了滋养灵魂，也就选择了心灵的力量，这种力量存在于内心，而不在于地位的高低和有没有权力。

数百年来，哲学家们一直在思考“存在”与“行为”孰轻孰重，最后的结论是——我们是什么样的人远比我们实际做了什么更重要。在行为至上的文化中，我们很难了解这种观念，但这却是至关重要的。很多时候，我们刻意去做的事情并不会起到多大的作用，而不经意从心灵中自然流露出的言行，则会对人产生深远的影响。不知道有多少次，在结束一天的心理治疗工作后，我会告诉莉莉：“今天我对汤姆做了非常重要的事，我有效地指出了他的问题，做法非常高明。”问题是，下一次汤姆前来就诊时，仿佛什么事都没发生似的。我会问他对于上次就诊有何感想，汤姆反问：“上次怎么了？”然后我提醒他上次我所说的大道理，汤姆会搔搔头说：“我似乎不记得有那么一回事。”

而另一种情况是，汤姆也许会在就诊时大叫道：“天呀，派克医生，你上周说的话完全改变了我的生命！”然后轮到我搔搔头，自问我说了什么话这么重要。汤姆就说：“你不记得上周快结束时，我正要离开，你说了这个那个？谢谢你，谢谢你。”我不记得我说了什么话这么有治疗效果。那不是我有意识的“行为”，而是从我的“存在”中自然“流露”出来的。也许，这就是心灵的力量。

当心理医生时，我对“神速”治疗能力非常感兴趣，不过在我整个医生生涯中，只有过一次这样的治疗经历，它发生在团体聚会中。那是一次为期 5 天的建立真诚共同体的活动，几乎有 400 人参加，在北卡罗来纳州的一处美丽的休闲中心举行。到了第三天结束时，整个团体到达了“真诚共同体”的境界，但是还有几个人没有跟上来，也许永远也跟不上了。

在第四天的早上，我端着两杯咖啡从餐厅走回到我的房间，准备去做我的孤独祷告时，我瞥见一位女士坐在台阶上，用一条毛巾拍打着头，显然感到很沮丧。我停下来，不是想多管闲事，纯粹只是好奇。

“天呀，你看起来真糟糕，”我问，“怎么回事？”

“我有偏头痛。”那位女士把毛巾握得更紧，痛苦地说。

“对不起，”我回答，“我希望它会消失。”然后我继续往前走。

“我好生气，我快气死了！”但是当我一离开，就听到那位女士说。

“你为什么这么生气？”于是我又停下来，不是想要治疗她，而又只是纯粹的好奇。

“我生气是因为我觉得那些信徒很虚伪，”她回答，“你知道的，那些在唱赞美歌时，举手摇摆身体的人，他们只是假装很虔诚。”

“我想你说的没错，有很多人也许是想要看起来很虔诚，”我说，“但是我想也有些人只是想要开心。”

“喔，老天，我从来没有想要开心。”那女士突然睁大眼睛看着我，喃喃地说。

“嗯，我希望有一天你会想要开心。”我说，然后带着我的咖啡离开，去做我的祷告。

那天结束时，有人告诉我，那位女士已经不再头痛。她也到达了真诚共同体的境界，一整个下午都在对她其他成员说："派克医生治好了我，我从来没有想要开心，派克医生治好了我。"那是我仅有的一次"神速"治疗。它却发生在我完全没有想要治疗的时刻，我相信这种现象绝非偶然。

的确，只要能坚持下去，优秀的心理医生最后总会知道，不要"试图"去治疗他们的病人。他们的实际目标应该是与病人建立良好的人际关系，也就是真诚共同体——在这种关系中，治疗会自然发生，不需要他们去"做"任何事。我相信治疗的力量是来自于心灵的力量。它是一种礼物。我相信赋予我们这种力量的造物主，他的想法是让我们好好使用这项礼物，最后把它送给别人。换言之，**拥有心灵力量的目的，就是用它来让别人也具有这种力量。**

## 文　化

文化的定义是：在一个组织中，各种价值观与准则若隐若现所构成的相互关联系统。每个组织都有自己的文化，即使是单一的婚姻也都有所谓的家庭文化，而每个社会也有自己的文化。就算是不习惯系统思考的人，也能觉察美国文化与法国文化的不同，而法国文化又不同于日本文化，依此类推。

露丝·本尼迪克特在《文化模式》一书中，详细描述了三种大相径庭的“原始”文化。这本著作所传达的信息是，没有一种文化比另一种文化更优越。虽然当一种文化的成员进入另一种文化时，必然会感到困惑，但是三种文化似乎都运作良好。本尼迪克特的著作开创了文化相对论的先河，其中的主要观念是，当某种文化被视为善良时，另一种文化则可能会被当成邪恶。换言之，文化是相对的，我们不能对任何文化下评判，除非我们身处于那个文化之中。

文化相对论的观念扩展了我们狭窄的心智。我记得很清楚，19 岁时，我与一群美国人乘坐游轮到意大利的那不勒斯。晚上 11 点时，我们一伙人沿着美丽的那不勒斯港口街道散步，路上也有许多那不勒斯人在闲逛。大人抱着婴儿，还有许多小孩子到处追跑。我的同伴们对于一些两岁到十二岁的孩子大惊小怪。“天呀，这个时候，他们应该上床睡觉的！”他们叫道，“这些意大利人是怎么回事，晚上 11 点了还不让孩子睡觉？这样对孩子非常不好。”

我的同伴们所忽略的是，在意大利文化中，午睡是非常重要的生活习惯，至少在 40 年前是如此。不管大人小孩，所有人在下午两点到五点都会去睡午觉。店铺会关门，直到傍晚五六点才重新开张，通常到 9 点才吃晚餐，所以孩子们不会被“剥夺睡眠或虐待”。如果我的同伴了解文化相对论的观念，他们就不会犯下那种自大的评判，那也是当今许多美国游客的通病。

但是，有时不下评判也是不正确的。我曾经与莉莉到印度旅游。去印度旅游的美国人似乎可以分为两种：一种回国后会对印度的美丽赞不绝口，另一种会感到惊恐。我们就是属于后者。我们惊恐的不仅是印度的贫穷与脏乱，还有令人难以置信的低效率。在 11 天的旅程中，我们时常看到可以轻易做好的事情，却被草率马虎地处理。我们深感虽然容忍是一种美德，但是容忍也会成为一种过度的放纵。印度似乎充满了容忍所带来的罪过。我们看到印度人麻木地忍受我们所无法容忍的懒散和无能。

这一切都让我们感到困惑。记得有一天，我们正在享用早餐，一个侍者不小心把一壶奶油倒翻在地上，他没有加以清理，反而跑得不见人影。其他的侍者与领班，还有值班经理都看见了地上有一摊奶油，但是他们都若无其事地踩过去，最后整个餐厅都是奶油的脚印。我们所看见的是印度脏乱习性的表面，但是为什么会这样呢？仔细打听才明白，清理奶油不是属于在场侍者或任何人的工作，而是低阶层清洁工的工作，他们要在下午才会上工。从这件事来思考旅行的所见所闻，我发现我们所看到的种种无效率，几乎都是种姓制度所造成的后果，虽然这种制度已经不合法，但是仍然深深根植在印度文化中，控制着所有印度人的生命。文化相对论会说种姓制度没有什么不对，但我不这样认为。我觉得这是一种严重的文化缺陷，其中不仅隐藏着不合礼仪的规矩，也因为它极端缺乏效率，造成整个社会的混乱和无序。

美国文化也不是无懈可击，虽然没有像种姓制度那么严重，但这个国家在文化上也有好几十个重大的缺点。例如，允不允许民众拥有枪支，就引起了激烈地争论。虽然我们能够质疑美国的文化，也推翻了许多僵化陈旧的文化陋习，但是我们并没有发展出新的更有效的文化，在这个“不确定的中间地带”，我们对社会的未来模糊不清，倍感焦虑。

不管是家庭或企业，组织中有力量的人都能够建立或更新标准，也能够维持或推翻它。前面我说，企业主管所能拥有的最大力量，是以他们的精神来建立组织的精神。类似的道理，他们也可以建立组织的文化。虽然一个新主管要改变公司文化不是那么容易，但是文化的改变必须由上而下，最高的权威对于组织的文化也要担负最大的责任。

但是这种责任经常被置之不理，不仅企业领袖如此，家庭的领导者也是如此。**在当今文化的崩溃中，越来越多父母不知道如何做父母。他们似乎需要从孩子身上寻求家庭文化，仿佛他们不愿意行使必要的权威，来建立清晰的家庭价值标准。**父母不应该是独裁者，但是孩子也不应该承担建立家庭文化的责任。如果要孩子负起这种责任，他们不是非常困惑，就是会专断独行。创造组织精神的力量与创造文化的力量是不可分的。到最后，组织的精神所表现出来的，就是组织的文化。

## 功能不良与礼仪

不管是在企业，还是家庭中，组织都有可能出现“功能不良”的情况。我演讲时，有时候会问听众：“你们之中是否有人出生在功能良好的家庭中？如果有请举手。”结果没有一个人举手。由此可知，很多组织，包括企业和家庭，通通都是“功能不良”的。只不过有些组织要比另一些组织的功能更坏。

几年前，一个庞大的联邦组织的大部门出现了功能不良的情况，问题成堆，他们邀请我去为他们提供咨询。但我只是看了一眼该部门的组织结构表，就知道了问题的根源。该部门的主管彼得是一个资深的事务官，即经过考核选举产生的公务员。而他的两个副主管则是政务官，即执政党指派的行政人员。对此我感到很惊讶。据我自己多年在政府工作的经验，我从来没有听过政务官是事务官的下属。政务官总是担任主管的职位。彼得与他的两位副手都向我保证，这没有什么不正常的，系统本身没有问题。最后我终于找到另一个有经验的高层事务官，他对我说出了真相：“没错，彼得被人掣肘了。”显然该联邦组织最高层的政务官非常不信任彼得，因此安插了两个亲信到这个部门当间谍，让他们削弱彼得的权威。

彼得相当成熟能干，我不明白他们为什么不信任彼得。不仅如此，我发现这个组织的文化本身就充满了不信任，称之为妄想症文化也不为过。由于这种文化根源于最高阶层的政务官，我无法接触，所以我的建议都不会被采纳。当我离开时，那个组织毫无改变，依旧功能不良。

“功能不良”与“妄想症文化”都是比较抽象的表述。具体的事实是，一个高级主管被他的两个副主管监视、牵制，以至于没有无用武之地，纳税人成千上万的金钱被冲入马桶。更严重的是，这个有上千名员工的部门一团混乱，起不到任何作用。仅这个部门就浪费了上百万元的民脂民膏，至于整个组织的浪费，就只有天知道了。

这个故事有两个教训。第一个教训是，不合礼仪的行为不仅缺乏效率，而且非常浪费，代价昂贵。另一个教训是，不管这个文化有多么不合礼仪，功能多么不良，要改变文化是非常困难的。我们已经知道系统理论的一个原则：当系统的一部分被改变时，其他部分也必然跟着改变。现在我们可以看到另一个原则：系统天生抗拒改变，抗拒接受医治。大多数的组织尽管存在着严重的功能不良、缺乏效率，也宁愿维持原状，不愿意成长和改变。为什么呢？这里我们必须回顾礼仪的复杂定义：礼仪就是“有意识的组织化行为，合乎道德而且服从于更高的力量。”

礼仪需要意识与行动的努力，不会自然发生。因为懒惰的天性，我们人类很容易就趋向无礼。这听起来似乎很悲观，但是也有乐观的一面。尽管所有的组织都有功能不良的情况，但是作为家庭或者企业的领导者，我们却可以尽最大的努力去调整和改变，并在这个过程中感受到自己的作用和价值。虽然不合礼仪的文化和行为，符合了人们懒惰的心理，犹如顺水漂流，比较容易，但是从长远来看，逆水行舟才是生命的特征，不仅蕴藏了无限的生机，还会让组织更容易达成目标。

丨第六章

# 在社会中的抉择

在家庭、工作或者人际交往中，当我们扮演不同的角色，承担各种责任、义务与挑战时，都会面临许多复杂的抉择。如果我们把目光放得更远，越过家庭与所属的组织，从更宏观的角度来观察自己，我们会发现生命更为复杂。不管是小孩、父母、学生或雇员，都从属于一种更大的组织，我们称之为社会。我们以群体的方式生存，这种群体的范围超过了乡村和城市，区域或国家。我们都是世界的公民。

身为社会中的一分子，我们在享受公共福利的同时必须缴税，还需要承担某些义务。我们必须做出抉择：是想成为一名善良正直的公民，还是对任何事情漠不关心，得过且过？在做这些抉择时，我们不可避免会面对许多矛盾。换言之，几乎所有的真理都是矛盾的，当我们在社会中进行抉择时，对这一点的感受尤其突出。

## 善与恶的矛盾

使徒保罗说，社会是由“威权和力量”所统治的，在他看来，这些都是魔鬼。换言之，魔鬼是这个世界的统治者。不管我们把魔鬼解释为外来的力量，还是我们人性中的“原罪”，这个观点都有一定的可信度。战争、屠杀、贫穷、饥饿、贫富不均、种族歧视、性别歧视、沮丧与绝望、毒品泛滥、智力犯罪、街头暴力、家庭虐待……种种现象都显示着邪恶似乎是今日的主宰。

情况的确显得很严重，因为邪恶的力量真实而多样。有人说，邪恶根源于人性的原罪，心理学通常把邪恶归咎于个人与团体的缺乏意识。许多社会学家把文化的混乱视为邪恶的主要动力，包括家庭价值观的丧失，物欲横流，以及不计一切代价追求享受等。了解善与恶的矛盾现实，这对于我们在社会中的抉择非常重要。

一提到邪恶，人们自然会想到魔鬼撒旦，“撒旦”的原意是“对手”，也就是唱反调的人。最初，撒旦是上帝的副官，是天堂中众天使之首，也是既漂亮又可爱的晨星。撒旦代表上帝，负责通过考试来提升人类的灵魂，就像我们让小孩在学校接受测验促进他们成长一样。

撒旦被称为晨星，就是因为他原本是人类灵魂的导师，是指明方向的掌灯者。然而，一天，上帝觉得如果要进一步提升人类的灵魂，除了进行简单的考验之外，还需要有更进一步的措施，于是就要求耶稣基督和撒旦分别提交一份计划书。撒旦的计划书很简单："上帝只需派一位具有赏罚能力的天使到人间，严格管束人类，就不会出现管理的麻烦了。"耶稣的计划书与撒旦截然不同，很有想象力："使人类拥有自由意志，走自己的路，让我带着爱心去体察人世间的生活，与人类共生死，做人类的榜样，启发他们如何享受生活，让他们知道上帝对人类的关爱。"

上帝认为耶稣的计划书很有创造力，就采纳了。但在撒旦看来，上帝不采纳自己的计划，无疑是在批评他，认为他不够完美。出于固执、自恋和傲慢，他开始任意妄为，与上帝作对，唱反调，最后被逐出天国，贬入地狱。在地狱中，撒旦背叛上帝，展开了复仇之梦，号召堕落的天使加入他的阵营，听命于他，并不断与上帝作战，抢夺人的灵魂。曾经提升人类灵魂的撒旦，最终成为毁灭人类灵魂的魔鬼，以及邪恶的化身。

关于撒旦的神话故事，生动阐释了邪恶的起源。

实际上，任何长期阻碍人类成长的唱反调，都暗藏了邪恶的种子。在这些种子里，也许就包括了人性本身。我曾说，懒惰是人类的原罪。我所说的懒惰不是指身体上的懒散，而是指心理上的惰性十足，包括自恋、恐惧和自以为是的习性。这些人性中的弱点不仅助长了邪恶，也阻碍了人类看清自己的阴影，失去了对原罪的觉察。不管是有意还是无意，不能诚实面对自己的弱点，人往往会变得邪恶。战争总是由缺乏正直完整意识的个人或团体所发动的。我曾引用“越南美莱村屠杀事件”，说明当意识与良心薄弱时，邪恶是如何在制度与团体中发生作用的。

我也曾谈到“分化”所导致的邪恶，讲述了从1970年到1972年，我在首都华盛顿工作，时常在五角大楼中闲逛，找人谈越战。他们总是会说：“派克医生，我们了解你的关切，真的，但是你要知道，我们只是一个分支部门，只负责监督汽油弹的生产，并准时运抵越南，我们与战争没有直接的关系。那是决策部门的责任。你可以到走廊的那一头找决策部门的人谈谈。”

于是我去找决策部门的人，而他们会说：“是的，派克医生，我们了解你的关切。但是这里是决策的分支部门，我们只负责执行政策，并不管政策的决定。政策是白宫决定的。”结果整座五角大楼似乎都与越战毫无关系。

不管在商界、政府部门、医院和大学，任何大型组织都可能有同样的分化现象。**当任何机构变得过大、过细、过于分化后，机构的良心往往也被分解得支离破碎，冲淡得几乎不存在，于是组织中便出现了潜在的邪恶。**

“恶魔”(diabolic)这个词是源于希腊文diaballein，意思是崩解、分裂或分化。在我们集体意识分化现象中，最可怕的地方是，我们对于这种分化现象已经司空见惯，甚至使它们制度化。当人口中的某部分人被制度化地视为无关、可抛弃或受到轻视，就会出现种族歧视、性别歧视、年龄歧视，以及对同性恋的仇视等，整个社会的完整就必然会遭受不可弥补的破坏。

要对抗制度化的社会邪恶，我们必须记住，所谓的“善”必须是对大多数人有利，不是仅仅对我有利。正所谓“己所不欲，勿施于人”。如果我们对自己的错误采取宽容，对别人的错误严厉指责，这就潜伏了巨大的危机。例如，根据美国的统计数字，同样是持有少量毒品，居住在富人区的人如果是初犯，很少会坐牢，多半是被判缓刑，而且能接受戒毒治疗，而生活在城市落后区内的人往往会被判处更长的刑期。

邪恶的力量常常很隐蔽，并不是一眼就能看出来。由于人性中固有的逃避现实的倾向，我们也更愿意否认邪恶，生活在自欺欺人之中，这更加助长了邪恶的存在。

在《寻找石头》一书中，我描述了一群有钱人躲在他们的奢侈生活之中，不愿意正视周遭的贫困，因而逃避了相关的责任。他们每天从郊区豪华住宅坐火车到纽约市工作，路上总是埋首于报纸中，因为只要一抬头，他们就会看见黑人贫民区。他们以为把穷人都变成隐形人，问题似乎就能消失不见。

相反的，有些人则认为邪恶藏匿在一切事物背后。即使他们看见美好的事情，也会感到沮丧和抑郁。他们只注意事物的阴暗面，忽略了事物也有光明的一面。当绝望与愤世嫉俗控制他们的心灵之后，也就助长了邪恶。社会有邪恶的一面，也有正直的一面。如果我们辩证地观察社会，就会发现善与恶同样具有强大的影响力。世界不是十全十美，但也不是完全邪恶。

因此，我们所面对的最大挑战，是去发展并维持平衡的观点。这个观点中蕴含着乐观，而非绝望。

我已故的父亲常说的一个故事，可以用来阐释这个道理。曾经有一位东方的智者接受记者的采访，记者问他对世界持乐观还是悲观的看法。

“我当然是乐观了。”智者回答。

“但是这个世界上发生这么多问题，例如，人口过多、文化崩溃、战争、犯罪与腐败，你怎么能够乐观呢？”记者问。

“哦，我对于这个世纪不感到乐观，”智者解释，“但对于下个世纪，我非常乐观。”

针对世界当前的情况，我的想法也如出一辙。我对 20 世纪并不感到乐观，但我对于 21 世纪非常乐观。

保持平衡的观点非常重要。就像我们必须先提升意识，才能觉察到邪恶的事实，以及我们自己也有邪恶的倾向，我们也必须能够越来越多地发掘与欣赏人世间的善与美。**如果我们把世界的本质视为邪恶，就没有必要相信它会改善。但是如果我们看到世间善与恶的力量是等量并行时，未来就充满了希望。**

在许多方面，世界正在变得越来越好。100 年前，虐待儿童的事件在美国层出不穷，习以为常。那时候，父母可以严重地殴打子女，而不算是犯罪。约 200 年前，许多年幼的小孩被迫到工厂与煤矿做苦工，有些年仅 7 岁。约 400 年前，一般人并不把儿童当人看待，不会尊重他们的需要与权利。但是在 20 世纪，儿童保护措施有了很大的进步。我们设立了举报虐待儿童事件的紧急热线，对于那些涉嫌虐待和疏于照看儿童的人，也有严格的调查制度。任何一个有全局思想的人都不可能否认，社会在保护其最幼小与最珍贵的成员上，的确有极大的进步。

另一个不可否认的事实是，世界在进化程度方面也得到了明显的改善。以人权问题为例，各国政府都受到定期的监视，以观察他们对待人民的方式，有些国家因为违反人权，而受到经济上的制裁，例如曾经实行种族隔离政策的南非。在过去数世纪中，根本没有所谓“战争犯罪”这个词汇。被俘虏的女人小孩总是受到强暴与奴役，男人则是被仪式化地杀戮，战争与战争犯罪一直不断。但是近代我们开始质问，为什么人类要如此不择手段地相互残杀？事实上我们只需要花一点工夫，就可以得到实际的和平。我们设立了国际法庭来惩罚战犯，也开始辩论战争是否具有公正性，是否必要。能够探讨这些课题，显示了我们的社会与整个世界都有积极的改变。

不管如何，从历史的长河来看，社会似乎越来越进步。如果社会完全是邪恶的，就不可能有这种现象。实际上，善与恶的力量在世界上相互并存，过去如此，现在如此，将来也如此。有人认为这是一个被邪恶污染的善良世界。但我比较喜欢这样的表述：这是一个邪恶的世界，但却被善良所影响。在这个世界中，我们一方面会说谎，一方面却可以欣赏儿童的天真无邪；我们一方面很自私，一方面也很无私；我们一方面感到恐惧，一方面却能在恐惧中前行。尽管邪恶的力量很黑暗，但在现实中，人类一直都拥有善良的光芒。每当人类遭遇灾难和不幸之际，都会有人挺身而出，无数实例证明人类善良的力量远远超出想象。正如有人说的那样："唯有经历病痛，我们才能欣赏健康；唯有饱尝饥饿，我们才会珍惜食物；唯有知道世间的恶，才能理解人性的善。"

每个人都有恶的一面，但是我们却向往善。我们必须拥抱人性中的这一矛盾，才能变得真实，并正直地生活。如果我们不承认自己有恶的一面，极力否认、掩盖，就失去了真实，变得虚伪。这时我们夸夸其谈的善只能是伪善。伪善放大了我们心中的"恶"，压抑了人性中的"善"，这也是如今贪污、腐败、暴力和凶杀的根源。

托马斯·潘恩在《理性的时代》中说："为了人类的幸福，一个人在思想上必须对自己保持忠诚，所谓不忠诚不在于相信或不相信，而在于口称相信自己实在不相信的东西。"

正直，并不意味着尽善尽美，而是完整。正直的人是真实的人，也是完整的人，他们能同时接纳自己人性中的"恶"与"善"。只注意到人性中的"恶"会让我们变得悲观、偏激，而只看到人性中的"善"则会让我们变得幼稚、肤浅，这些都不是正直的表现。正直的人会加以整合，努力激发心中善良的力量，在觉察邪恶的基础上，尽量压缩其存在的空间。实际上，邪恶横行的时候，往往是我们对它失去觉察力的时候，也是我们熟视无睹的时候。英国哲学家埃德蒙·伯克说："如果邪恶最后取得了胜利，那一定是因为好人都在袖手旁观。"

## 人性的矛盾

人性本身就包含着善与恶两个方面。恶，源于人性的“原罪”；善，则源于人性的“原恩”。“原恩”是指我们与生俱来就拥有的改变的力量。

每当有人问我：“派克医生，什么是人性？”我的回答则是：“人性就是穿着裤子大小便。”

难道不是这样吗？对于刚出生的婴儿来说，只要需要，他们就会随时拉、随时尿，自然随性。到了两岁左右的时候，爸爸妈妈会对他们说：“嘿，你是个好孩子，我们很爱你，但是如果你能够改变一下你的行为方式，我们会很高兴。”最初，父母的要求对孩子不起作用，因为他们的本性就是顺其自然，内急时就应该释放出来，而且把尿撒在裤子中，或者在床上画地图也是一件蛮有趣的事情。对于幼儿而言，要夹紧屁股冲进厕所，然后再大小便，是一件很不自然的事情，也违背了他们的本性。

然而，如果孩子和妈妈之间建立起了良好关系，妈妈有耐心而不苛责。孩子就会对自己说：“你知道，妈咪是个不错的人，过去的这两年，她一直对我很好，我想做些事情报答她，我想给她某种礼物以表达我的感激。但我只是个弱小无助的两岁孩子，除了在这件疯狂的事上照她的意思，迎合她的要求，还有什么别的选择呢？”

于是，孩子开始做非常不自然的事情。为了让妈妈高兴，他会夹紧屁股配合妈妈去坐那个莫名其妙的马桶。但是，接下来几年会发生什么？一些绝对神奇的事情。到孩子四五岁时，如果他偶尔在压力或疲倦的时候没来得及上厕所，并且出了丑，面对那种混乱的局面，他会觉得很不自然，因为去厕所对他来说则是完全自然的了。在这段时间里，作为回报妈妈爱的礼物，孩子已改变了他的本性。所以，人的本性是什么？就是改变，我们能够从随时拉、随时尿，改变为穿着裤子上厕所。

懒惰是人类的原罪，而改变则是我们的原恩。正是因为这种与生俱来的能力，我们才能不断改变自己，升华自己。所以，根本就没有人性这回事情，是改变把我们与其他动物区分开来。人类与其他动物最大的区别，不是我们能抓住东西的拇指，不是我们灵巧的声带，也不是我们巨大的脑容量，而是我们极端缺乏的动物本能，我们没有太多预先设置并遗传下来的行为模式。比起其他动物，我们非常缺乏固定不变的本性。但值得庆幸的是，我们懂得改变，并拥有更多的选择。社会性的选择，心理性的选择与生理性的选择，这些选择使我们能够更有弹性地应付各种不同的情况。

我这辈子大部分时间都在追求和平。那些认为世界不可能和平的人，常常自诩为现实的人，而称我为理想主义者。他们说得不错，我对于理想主义者的定义是：一个相信人性有可能升华的人。但我不是个浪漫主义者，我对于浪漫主义者的定义是：他们不仅相信人性有升华的可能，而且还相信这是很容易的。浪漫主义者会被草率的公式所吸引，例如“爱，能战胜一切”。在心理治疗的经验中，我慢慢明白，就算是有全世界的爱，许多人仍然无法改变，并获得成长。人性的改变非常不容易，但不是不可能。

为什么不容易，其中道理很深奥。我们所谓的人格，最合理的定义是：“一种维持不变的心理元素组织模式，包含了思考与行为。”在这个定义中，“维持不变”是关键词。个体的人格倾向维持不变，文化与国家的“人格”也是如此，这种“维持不变”明暗兼具，有好处也有坏处。

例如，当我从事心理治疗，新病人第一次前来就诊时，他们会看见我穿着不拘小节的衬衫、舒适的运动衫，甚至拖鞋。如果他们第二次来的时候，看见我打领带穿西服准备外出演讲似的，可能还没有什么关系。但是如果在第三次就诊时，他们看见我穿着蓝色的长袍，戴着首饰，抽着大麻，他们很可能就不会再回来了。许多人愿意一再回来光顾我的生意，因为我总是那个他们熟悉的老斯科特。我的人格维持不变，让他们知道如何自处。我们的人格需要一定程度的维持不变，才能成为一个值得信赖的人。

然而，维持不变也有黑暗的一面，就是心理医生所谓的抗拒改变。不管是个人还是国家的人格，都天生抗拒改变。改变，意味着威胁，即使是朝着好的方向改变。大多数病人前来接受心理治疗是为了获得改变。但是从治疗一开始，他们就表现得像是一点也不想改变，他们会顽抗到底。治愈，意味着打碎旧的自我，获得一个崭新的自我。但这个改变的过程是痛苦的，正如谚语所说："真理会使你自由，但是首先它会把你气得半死。"由于人性中的懒惰，我们会抗拒改变。但是身为人类的荣耀，我们具有改变的意愿和力量。改变是不容易的，但是我们却可以做到。

我相信，由于我们的懒惰、恐惧与自恋，使我们天生抗拒改变，这就是所谓的"原罪"。同时，人类最明显的特征，就是我们能够自愿改变。我们拥有"原恩"，我们拥有自由意志，我们可以选择屈服于原罪、抗拒改变、停滞甚至败坏，我们也可以选择改变自己，甚至推动社会带来转变。如果人无法改变，那么社会的车轮就不会滚滚向前。但是维持不变的惰性和改变的动力之间始终是一对矛盾。古埃及哲学家奥勒真总结道："善良意味着进步，依此推论，邪恶就是拒绝进步。"

## 人人平等的矛盾

我们曾经讨论过"犯罪性思考"中所谓"不劳而获"的心态。不论贫富，许多人都认为自己有权要求不劳而获，他们觉得自己比别人优越，理应获得更好的工作和待遇，即使践踏他人的权益也在所不惜。而另一些人则认为世界亏欠他们太多，所以他们也应该从这个世界捞取更多，这其实是一种自卑心理在作怪。

这种日渐弥漫的不劳而获心态背后有许多原因。在《寻找石头》一书中，我举出了其中一个原因。这是由《独立宣言》中的一段文字所造就出来的：

> “我们相信下面的真理是不言而喻的：人人生而平等，造物主赋予所有人不可剥夺的权利，包括生存的权力、自由的权力和追求幸福的权力。”

我相信上述文字也许是《独立宣言》中最深奥，也最愚蠢的一段。它们精彩地描绘出一种灿烂的景象，准确地把握了人类处境的精华。但同时，它们也最容易造成误解。

在理想中，我们都是平等的，但在现实生活中我们则非常不平等。我们有着不同的天赋与缺点、不同的基因、不同的语言和文化、不同的价值观和思考方式、不同的个人历史、不同的能力等。我们与其他动物最大的不同，就在于我们有惊人的多样化与行为的多变。说什么人人平等？简直是天方夜谭。

虚假的平等使我们产生了虚假的共同体观念——所有人都是一样的！当这种观念破灭时，我们就会以强迫性手段来达到平等：先是温和地劝说，然后越来越严厉，完全误解了我们的责任。**我们的社会责任不是去建立平等，而是去发展系统，合**

**乎人性地处理我们的不平等。**在合理的限度内，这种系统应该赞赏并鼓励多样化。

在这种系统的发展中，人权的观念是其核心。我完全拥护美国宪法修正案中的人权条例，以及法庭对这些条例所提供的解释。但是我对《独立宣言》中以偏概全的人权概念则表示怀疑。当发生战争时，敌对的双方都有生存的权力，你争取生存权，就意味着剥夺别人的生存权，这时我们该如何应对呢？同样，我们有自由的权力，但这是不是意味着我们也有说谎的自由。我们有追求幸福的权力，这是不是说我们应该极力逃避痛苦呢？

再一次，我们陷入了矛盾和冲突，我们必须去承受这种矛盾和冲突。世界上从来就没有简单的事情，也没有不劳而获的成果。一方面感觉幸福的人不容易陷入心理失衡的痛苦，心理失衡的人大多数是由于内心出现了剧烈的冲突。但另一方面，要获得真正的幸福，我们就必须历经内心的挣扎。明明知道冲突会带来痛苦，但是为了自己的成长和进步，我们却不逃避，不退缩，这种痛苦的经历是人生的财富，能够给我们带来真正的安宁和幸福。我们需要知道，由于不愿意面对内心的冲突，总是躲躲闪闪，害怕矛盾释放出来的能量会把我们撕得粉碎。所以，我们会在内心产生一种虚假的幸福。心理学家卡伦·霍妮说："只有当我们能够承受打击时，我们才能真正成为自己的主人。由于内心迟钝造成的虚假宁静和幸福，根本不值一提，它只能使我们更加虚弱，难以应对外界的变化。"

在我看来，追求真理远远比追求幸福更重要，在追求真理的路上，我们一定会遇到幸福，但在追求幸福的路上，我们却常常遭遇不幸。

## 责任的矛盾

作为一个公民，我们必须承担属于自己的责任，有的人善良正直，通过捐款来支持他们关心的问题，也有的人积极参加环保组织，为改善日益恶化的空气和水资源，尽自己的绵薄之力。但是也有许多人拒绝承担任何责任。他们喜欢袖手旁观，指望别人去解决世界的问题。这些人不会主动争取或维护他们的权利，不做任何明确的抉择来提升他们的公民意识。他们也许会宣称自己对社会无害。但正如埃尔德里奇·克里佛所说："你不能解决问题，就会成为问题。"

但矛盾的是，社会的系统太庞大，个人的力量太渺小，我们的努力很可能像唐吉诃德大战风车一样，不仅无济于事，还会成为笑柄。对于这样的矛盾，著名作家威廉·福克纳为我们提供了一个很好的解决方案。他在女儿高中毕业典礼致辞中说："永远不要害怕大声表达自己，为诚实、真理与热情辩护，对抗不公、谎言与贪婪。如果全世界的人，在无数的礼堂中，都能齐声响应，世界将为之改观。"

1955 年，在美国亚拉巴马州蒙哥马利市，一名不为人知的黑人女裁缝，竟然用自己微不足道的力量开启了改造美国的行动。她的名字叫罗莎·帕克斯。当时种族歧视盛行，在巴士上黑人必须给白人让座，而罗莎·帕克斯拒绝让座给一位白人，于是开始了长达 381 天的抵制巴士运动。她每天步行上下班，双腿变得肿胀、疼痛，她的尊严也受到不断的打击。42 岁的她被警察逮捕，也失去了工作。但是她的简单做法，加上许多人的后继行动，酝酿出一股力量，为美国带来了司法上的重大改革。

当然，并不是每个人都能像罗莎·帕克斯一样，对社会的改良带来如此大的冲击，但是我们应该选择立场对抗世界上的各种邪恶。实际上，与邪恶的抗争开始于家庭。我们必须先面对自己以及家人，努力追求更健康的沟通方式。最好的策略是“全球化思考，本地化行动。”

考虑到一般人所面临的地理限制与其他种种局限，“本地化行动”也许是最可行的改革方式，但是我们的思考不一定只限于我们的小区、乡村和单位，我们可以放眼全球，思考许多其他问题。例如，我可以只选择关心美国的医疗制度，因为它影响到我，但是我也是世界的公民，不能狭隘不见其余的世界，我有责任思考远在非洲卢旺达，以及世界其他地区蔓延的内战与种族屠杀。

除了坚持自己的权利与立场之外，有时候我们还必须为其他人挺身而出，即使这样做似乎对自己没有直接的好处，也应该冒险。这样的抉择是每个人必须担负的责任。当我们听到种族歧视的言论时，应该仗义执言；听到邻居大声辱骂妻子时，应该干预。面对复杂而庞大的社会责任，我们必须记住，如果自己退缩了，终有一天，同样的事情也会发生在自己头上。

不过，每个人的精力都是有限的，我们不可能研究一切，为一切负责，为一切负责的结果，一定是进精神病院。一次，一位黑人女性谈到自己的责任时，觉得不堪重负，非常痛苦，她说她必须推广正面的黑人形象，听起来她仿佛肩负了全世界的重担。这时，一位白人男性传给了她一张纸条，上面写着："不要承担一切责任，那是我的工作。"下面的署名是"上帝"。

在生命中的某些时刻，最适当的做法也许是放下。我们无法解决一切问题，所以必须选择自己的方向。每个人都不一样，我们必须清楚自己的天赋，做自己最擅长的事情。当然，很多时候，即使我们付出了很大的努力，也不会起到多大的作用，似乎一切辛苦皆付诸东流。我的一位病人告诉我的一个故事，总能让人感到安慰。他曾经参加过一次聚会，其中有一位演讲者是贝林根神父，我的病人说，在会议中有人问贝林根神父，数十年来他的工作似乎没有任何明显的结果，他靠什么坚持下来的？他回答说："我根本不考虑结果。如果我这么想，就只有死路一条。结果不是我所关心的，我只是去做我觉得是正确的、应该去做的，其余的就交给天意。"

## 时机与金钱的矛盾

我知道许多人是成功的社会活动家，但却是失败的父母。他们把精力都花在了公益事业上，没有给子女和家庭留太多的时间。他们会对子女心生愧疚。所以，面临社会抉择时，必须要考虑自己的时间，以及参与的时机。我们不能随心所欲，因为我们的时间、精力还有金钱资源都十分有限。有一次我遇见一位 45 岁的女性，她热爱公益事业，但直到孩子成年之后，她才选择加入绿色环保组织。这时她不仅有时间与精力，也能够心无旁骛，自愿奉献。

自愿奉献，是做事不求回报。比如，慈善家自愿捐献金钱，老师自愿对贫苦的学生提供免费辅导，学生自愿帮助流浪汉到收容所，家庭主妇自愿每周前往养老院陪伴老人。自愿奉献是一种召唤，我相信所有人都应该自愿奉献一些时间、金钱或精力，这样做对社会与个人双方都有好处。不管是在年轻时、中年时、还是老年时服务他人，自愿奉献都代表了成长与学习的机会。

选择自愿奉献必须考虑到许多因素，时机是最重要的因素之一。《旧约传道书》说：

> 一切事物皆有定期，天下万物皆有定时；
>
> 生有其时，死有其时；播种有其时，收获有其时；
>
> 杀戮有其时，医治有其时；拆毁有其时，修建有其时；
>
> 哭泣有其时，欢笑有其时；哀恸有其时，跳舞有其时；
>
> 忘怀有其时，回忆有其时；拥抱有其时，孤独有其时；
>
> 争取有其时，舍弃有其时；积存有其时，发散有其时；
>
> 撕裂有其时，缝补有其时：沉默有其时，发声有其时；
>
> 喜爱有其时，憎恨有其时；战争有其时，和平有其时。

除了时机之外，其他因素也会影响个人服务社会的能力。许多人误以为社会活动就是要过贫穷的生活，因而加以排斥。为社会谋福利不需要完全牺牲个人的舒适。几年前，在加拿大新斯科舍省举办的一次公益活动中，一位长期献身社会改革运动的演讲者说："我们能对穷人所做的最大贡献，就是避免自己成为一个穷人。"这段话听起来也许有点刺耳，却是真理的回响。

贫困不是什么美德，富裕也不一定会导致贪婪，关键要看怎样对待金钱。很多人认为金钱是诱惑人的情妇，带来的麻烦远远多于快乐。我在没钱的时候，对未来忧心忡忡。我出生在美国经济大萧条的年代。童年的时候，父亲经常告诫我们："你们要了解一块钱的价值！"他还时常吓唬我们："我们快要搬进贫民窟了！"虽然我知道那仅仅是父亲的玩笑，但还是给我造成了不安全感。长大后，每次与女孩子约会用餐时，我都会提心吊胆，生怕她点了什么昂贵的饭菜。结婚生子后的好几年，我仍然暗自担心会流落到贫民窟，常常陷入这样的思考：万一我中风了，无法工作怎么办？万一我们遭人控告，怎么办？万一股票崩盘怎么办？万一货币贬值剧烈怎么办？万一？万一？

后来，我有了钱，数钞票的感觉确实能缓解我内心的焦虑，但也容易让我对金钱产生执迷，仿佛金钱就代表了我生命的价值。过去我担心没钱，无法保障生活；而现在有了钱，我又害怕失去金钱。人们说"傻瓜留不住财富"，我担心自己就是那个傻瓜。最终，金钱并没有减轻我的焦虑，只不过是变化了焦虑的内容。

在很多人眼里，一个人的价值是通过金钱来体现的，不能挣钱，证明他没有价值。也有不少人认为金钱就是绝对的保障，能够给我们带来安全感，消除内心的焦虑，我曾经也是这样。但是，这些都是一种幻象。在生命的旅程中，金钱只是手段，自我完善才是目的。我们不能把手段当成目的，通过牺牲身体或者出卖灵魂的方式去追逐金钱，而应该通过金钱来获得自我成长，提升生命层次。

与此同时，不管我们有多少金钱，也不能彻底消除内心的焦虑和不安全感，因为生命本身就是不安全的，人生唯一的安全感来自充分体验人生的不安全感。金钱是一种保障，但不是绝对的保障。我们想要追逐的绝对的安全感，只是心中的幻影。我很清楚，那些非常富有而一毛不拔的人就是在追逐这个幻影。**因为感到不安全，他们拼命去追逐金钱，但在这个过程中，他们的心灵并没有获得成长，始终生活在焦虑和恐惧中，无法在精神上获得超越。**

## 个人的案例研究

莉莉与我从事过许多公益活动，时间大约从 1984 年底到 1995 年底。我们能够奉献如此多的时间与资源，是因为《少有人走的路：心智成熟的旅程》一书销售成功。在 1985 年，版税收入远超过我们所需要的金钱，于是开始寻找自愿服务项目，捐款赞助有意义的事情。莉莉与我讨论是否有可能成立某种基金会。在 1984 年 12 月，我们与其他 9 个人一起建立了团体鼓励基金会。这是一个免税的非营利性大众教育基金会，目的在于教导真诚共同体的观念，也就是团体之间健康沟通的原则。创建宣言如下：

> 人人内心渴望和平。因为我们从过去关系中所受到的创伤与排斥，使我们害怕冒险。在恐惧中，我们把真诚共同体的梦想当成幻象。但是现在有章可循，使我们能够回归于一体，伤痛将得到治愈。团体鼓励基金会的任务，就是去教导这些规则，使希望再度实现，使一个几乎遗忘的世界再度展现人性光辉。

在《不一样的鼓声》中，我把真诚共同体的建立视为和平重要的前提。真诚共同体能够消除沟通的障碍，曾经很多人由于头衔、收入、学位、宗教、文化，以及种族身份所带来的隔阂，使他们变得封闭，夜郎自大，但是经过虚心的学习，消除这些障碍之后，他们的意识变得更为开放，心灵变得敏锐而富有弹性。在这个过程中，我们获得了治愈，甚至发生了奇迹般的转变。真诚共同体能够穿透人性的虚伪，触及内心的善良。它鼓励我们深入地检视自己的动机、感觉、判断与反应，因此扩展了自我的意识以及众人的意识。

在那 11 年中，莉莉与我自愿奉献了我们大约三分之一的收入，以及三分之一的时间于基金会上，我们每个人每周花了大约 20 小时为基金会工作。照顾基金会很像养育孩子。我们从未料到会花这么多工夫，也从未料到会获得如此大的收获。

当基金会刚开始时，我们是一群想做好事的人，但完全不知道如何以经营非营利组织来做好事。如果当时有人问我，什么是策略性计划，我也许会说这好像是国防部的工作。我们尤其不知道如何管理企业，就算是非营利性组织，如果要想生存，也必须像一般营利组织一样管理才行。我们在边做边学习。不仅必须学习策略性计划，也必须学习市场营销、会议协调、志愿者的安排、扩张与缩减、募款与发展、计算机系统与邮寄名单、任务与创建宣言、会计手续等。

身为一个新教徒的后代，我从小就被教育要有自尊，从来不求人，但是为了基金会，我所遇到的最困难的挑战，就是募款。经过了三年募款的经验，我把我的痛苦与挫折发泄在一首诗中。募款就像乞讨，令人难堪，但是我知道在许多宗教中，乞讨是非常受到尊崇的行为，其中的羞辱，可以视为一种心灵上的锻炼。还有就是，募款能够认识新的朋友。有人愿意用钱赞助你所从事的事业，对于这样的人，要不喜欢也很困难。而且奇怪的是，每当我们最迫切需要时，就会有大笔的捐款出乎意料地出现，仿佛冥冥之中有人在支持我们一样。

我从基金会学到的最重要的东西，是对人的差异有了更广更深的了解，同时也了解我们是多么需要这种差异。很久以前，一个比我年轻十岁的人首次教导我明白这个道理。我在冲绳担任陆军心理治疗中心主任时，彼得是个年轻的士兵，担任“心理治疗技士”的职务。当我刚上任时，我发现部门里很缺乏受过训练的心理医生，但是有十几个二十来岁的技士没事干。所以我要他们开始做心理治疗，我会在工作时训练他们。很快就发现，有半数人无法胜任，于是我叫他们去做别的事。但是其他六个人具有这方面的天赋，彼得就是其中之一。他担任治疗师的职务有两年之久，之后他的役期结束，准备回国。当我们道别时，我问他有什么打算，结果我很惊讶地听到，他打算去推销牛奶，“但是你是一个很好的心理治疗师，”我叫道，“我可以帮你申请进入很好的研究所，退伍军人还可以免交学费。”

“不，谢谢，我已经做好决定了。”彼得坚定地回答。但是我不死心，继续说了当心理医生的许多好处。最后，彼得以冰冷的语气对我说了一番话，才让我闭嘴。他说：“听着，斯科特，你难道不知道，并不是每个人都跟你一样，并不是每个有机会的人都会想要当心理医生。”

这个故事不仅充分表露出我的自恋心态，也让我们知道，一个人的天赋不见得代表他受到了这方面的“召唤”。一般的职业辅导认为，符合一个人兴趣的工作就是最好的工作。但是造物主对人非常慷慨，给了人多重的天赋、才能与兴趣。然而，每个人的天赋都不一样，我有的天赋你不一定有，你有的天赋我也不一定有。这就是为什么我们彼此相互需要，取长补短。

自恋总是使我们无法了解他人的差异，这对工作所造成的伤害不亚于对家庭与个人生活的伤害。让我举一个例子来说明这种病态的心理在更大的组织中所产生的破坏性。不久前，我受邀去为两个美国医学专业主管机构咨询，解决两者之间的冲突。一个是美国医学院，代表了临床的医生；另一个是美国医学研究院，代表了医学研究人员。这两个团体的成员都是受过高等教育，理当是文明有礼的医生。但是这两个“姊妹”组织之间的关系，在这十年来，已经慢慢败坏到非常不合礼仪的地步。

我很快发现，医学的尖端领域不仅是一门科学，更是一门艺术。美国医学院的医生在临床上医治病人，时常必须仰赖直觉与推测，因此理所当然的，这些医生不仅习惯了模棱两可的情况，而且还感到非常刺激。另一方面，医学研究非常讲究精确与清晰，对于准确的要求甚至比其他领域更为严格，所以研究院的成员都很痛恨模棱两可，视之为他们的敌人。

只打了两通电话，我就明白这两个组织发生冲突的原因——成员的人格特质差异太大。他们连沟通的方式都不一样，即使没有恶意，都似乎会激怒对方。他们无法觉察彼此相异的人格状态，更别说去欣赏对方、需要对方了。每一方都认为对方怀有敌意，都不愿意寻求和解。不管是个人，还是组织，一旦被自恋所蒙蔽，无法接纳差异，都宁愿继续斗争下去，也不愿意改变立场。

假如这些分裂的组织愿意继续沟通，就会发现我们有一种特殊的方法，可以医治这种不必要的组织冲突，这就是真诚共同体。这是一种团体学习的系统，能够穿透日常的自恋，使我们不仅看见彼此的差异，也能够接受这些差异。这不是毫无痛苦的学习过程，但是很有效。

# 前半生追寻自我，后半生放下自我

第三部分

追求精神成长，

其实就是追求身体、心灵和灵魂的统一。

THE ROAD LESS
TRAVELED AND BEYOND

## | 第七章

# 生命在焦虑中超越

在本书的第一部分“反对草率的思考”中，我说正直的思考，意味着我们要接纳相互矛盾的观念。在第二部分“在复杂中摔打，在矛盾中抉择”中，我强调任何抉择都是在矛盾中进行的。在这一部分，我将说明如果前半生是为了追寻自我，那么后半生就要学会放下自我，唯有如此，才能让生命获得超越。

生命的成长必然会伴随一定程度的焦虑，而我们会感到焦虑的深层原因，其实是内心深处的恐惧。我们害怕疼痛，害怕痛苦，害怕孤独，害怕失败，害怕未来的不确定，甚至害怕壁虎或者蜘蛛。在所有恐惧的事情中，最终极的恐惧是对死亡的恐惧。

作为心理医生，我见过太多害怕死亡的人，他们对死亡谈虎色变，当他们不可避免地变老之后，只要一听说某人去世的消息，就会面色凝重，紧张不安。他们被无边的恐惧包围着，窒息着，陷入深深的愤怒、沮丧和绝望。

当然，我也有幸接触过这样两位人，他们对死亡如此坦然，给我留下了深刻的印象。其中一位年龄接近70岁，患有膀胱癌，放射治疗并不成功，病情极度恶化。当我与他一起用餐时，他必须饮用一种可怕的营养品。那次共进晚餐，是他最后一次公开的社交活动，他在三个星期后逝世。另一位只有40多岁，患有多发性肌肉硬化症，我去他家时，他从脖子以下全身瘫痪，必须坐在轮椅中靠人喂食。我与他见面6个月后，他便离开了人世。

老实说，由于我事先知道这两位将不久于人世，所以我有点害怕参加这两次晚餐。事后才知道，我的担心是多余的。这两个人虽然性格很不相同，但与他们用餐的经历却十分相似。他们从晚餐一开始就简明扼要地说明了自己的病情，以及即将来临的死亡。他们想让我感到自在些，也的确做到了。我从来没见过有人对死亡如此警觉，又如此坦然。虽然他们的身体都极度衰弱，但两个人身上都散发出一种光辉，笼罩着所有在场的人。

生与死是一对矛盾体，生令人欢乐，死令人痛苦，但是从他们身上我没有看到丝毫的恐惧和沮丧，我强烈地感觉到他们已经在精神上超越了生与死的矛盾，灵魂获得了升华。尽管不是什么特殊的日子，但那两次晚餐都像是某种庆典，带着神圣的欢乐的气氛。我再也没享受过比这更特殊的社交场合了。

## 自我意识发展的三个阶段

人之所以会感到痛苦，是因为有意识。意识是痛苦之源，没有意识，就感觉不到痛苦。我们帮助别人减轻身体上的痛苦，最常用的方法就是麻醉他们，让他们暂时失去意识，感觉不到痛苦。但是，面对心灵的痛苦，则不能用麻醉的方式。心灵的痛苦与自我意识紧密相连。那些自我意识不强的人，内心的冲突不会那么激烈，也不会那么痛苦，而那些自我意识很强的人往往会很痛苦。对于心灵的痛苦，麻醉和逃避不是办法，有效的方式是超越。超越需要努力发展出自我觉察的能力，在心理上与所遭遇的事情保持距离，做到超然。为了更清楚地说明这一点，我们有必要先来了解一下自我意识发展的三个阶段。

刚出生的婴儿是没有自我意识的，从 9 个月开始到 5 岁之前，是孩子自我意识发展的第一个阶段，这个时候的孩子还处于自我意识的混沌状态，他们很熊，分不清对错，调皮捣蛋，不听话，甚至故意与父母作对。“以色列”这个词的原始含义，对我们理解自我意识发展的第一个阶段很有帮助。《旧约》开篇为我们讲述了雅各布的故事。雅各布就是自我意识还停留在第一阶段的人，他撒谎，偷窃，不知好歹。神话一开始，雅各布就惹上了麻烦，他偷了东西后逃走，在沙漠中游荡。一天晚上半夜二更时，他碰上了一个强壮的大汉，他们在黑暗中打斗起来，这场搏斗持续了好几个小时，他们扭成一团。黎明时分，雅各布觉得自己占了上风，他使出全身力气，想要把这个无缘无故侵犯他的陌生人打倒。这时发生了惊人的一幕：陌生人伸出手指轻轻碰了一下雅各布的大腿，他的大腿便脱臼了。雅各布跛着脚抓住陌生人，他不是想继续打下去，因为他已经输了，但是他知道自己遇到了神圣的人物。望着天边即将出现的第一道曙光，他恳求对手给他祝福。陌生人同意了。他不仅祝福了雅各布，还告诉雅各布："从此以后，你将被称为以色列，意思是与上帝搏斗的人。"

今天"以色列"这个词有三层含义：一是指在地球上靠近地中海东岸的区域，一个历史不长而多难兴邦的小国；二是指犹太民族，散布于全世界，历史悠久而苦难深重；三是最基本的含义，一个与上帝搏斗的人，正处于自我意识的蒙昧阶段。

在自我意识的第一阶段，人不知道天高地厚，随心所欲，以为自己无所不能，居然可以与上帝搏斗，还差一点占上风。但经过一系列打击和挫折之后，到了青春期，人们结束了自我意识模糊不清的混沌状态，真切地感受到自己的局限性，也就看到了自己的边界。与此同时，他们也意识到自己是独立的个体，与别人不同，渴望自己做主。这是自我意识发展的第二个阶段，这个阶段需要人们贴近自我，按照自己的意愿独立思考，深情地活在这个世界上，这种状态有可能一直持续到成年以后。

荣格说："自我界定，就是与他人区分开来，成为有别于他人的独立的个体。"有心理学家认为，成为独立自主的个体是精神成长的终极目标，不过大多数人都没有到达这个目标，他们活在世上，在情感上依赖父母或伴侣，在思想上不能独立思考，在行为上随波逐流。但这个阶段的人也不可避免会陷入各种各样的矛盾和冲突之中，随着自我意识的增强，他们的内心会倍感焦虑、孤独、寂寞和痛苦。自我意识越强的人，与外界的冲突越强烈，焦虑和痛苦的程度也就越深。但是，无论多么孤独和痛苦，我们都必须走向独立。独立是我们的责任。独立，意味着我们不仅是家庭、社会中的一分子，更是一个与众不同的自我。独立，意味着我们不一定听从别人的话，完全可以自己主宰人生。

15 岁时，我没有听从父亲的话，放弃了他们为我选择的学校，走上了独立的道路。后来在选择婚姻时，即使家人反对，我也坚持自己的主张。我与莉莉相爱定下婚约后，父母因为莉莉是中国人而勃然大怒。在家庭中，我几乎得不到任何支持，内心多少感到有些愤怒和黯然。距离婚礼还有一个月时，我与莉莉去看望年近 90 岁的祖母，她对我们的婚姻发表了意见："我不能说我赞成你们的婚姻，因为我不赞成，但是我的意见并不重要，这是你们的事情，完全与我无关。"祖母的话虽然不能说是一种祝福，却是家中唯一清醒合理的反应，让我觉察到，既然我是独立的个体，有着自己的意愿，那么家人也是独立的个体，也应该有自己的想法。**有自我意识本身就意味着会与他人**

**发生矛盾和冲突，这是在所难免的。**有了这样的觉察之后，几乎是突然之间，心中的阴霾烟消云散，我感受到了一种难得的轻松、释怀和超然。

自我意识发展的第三个阶段就是自我觉察。自我觉察，是指从自我中抽离出来，让自己成为一个旁观者去观察自己。对于自我来说，如果上一个阶段意味着入乎其内，那么这个阶段则是出乎其外。与自我保持着一定距离的我们，既是观察者，也是被观察的对象。我们不做评判，也不强行干涉，仅仅是去观察自我，就像观看电影一样。我们观察我们的想法和行为，我们的愤怒和悲伤，以及我们对于死亡的焦虑和恐惧，结果我们惊讶地发现，在自我观察中，那些强烈的情绪开始减弱、消退，我们不再局限于自我之中，心胸变得更加开阔，人也变得更加豁达、淡定和从容。我们在自我觉察中变得超然，在超然中获得超越。

## 观察性自我与超越

前面我说，自我觉察被一些心理学家称为“超情商”，它是人类最宝贵的悟性。伴随自我觉察，我们将获得观察性自我。所谓观察性自我，就是我们在经历情绪时，能够观察自己的情绪，诸如自己的快乐、悲哀、焦虑或愤怒。这表示自我不再被局限于情绪的层面。我们那部分观察性自我可以让我们脱离情绪，站在情绪之上。这就减少了一些情绪的自发性，让我们不再完全陷入情绪化的言行之中。

虽然在青春期时，我们可能偶尔也会出现观察性自我，但那只是浮光掠影，一闪而过。因此，年轻时我们的言行很容易冲动，总是与父母发生矛盾和冲突，不能很好地控制自己的言论和行为。不过，值得注意的是，在这些冲动和不理智的行为背后其实隐藏着我们深深的焦虑、自卑、羞愧、孤独和痛苦，这是正常的成长性的痛苦。**许多人为了逃避这些痛苦，宁愿放弃意识的发展，他们付出的代价是，进入成年后，由于观察性自我的缺失，既不了解自己的情绪，也无法觉察别人的情绪，**总是情绪化地待人接物，情商很低，拿捏不准说话的时机和分寸，往往会说伤人的话，做愚蠢的事情。**更重要的是，缺乏观察性的自我，还会让他们丧失与内心的联系，丧失心灵的力量，发挥不出自己的潜能。**

但是有少数幸运儿，基于神秘的恩赐，他们不会由于懒惰和恐惧停滞不前，而是会继续跋涉在这段艰难的旅途上，发展出观察性自我。心理治疗之所以会如此有效，原因之一就是，心理医生可以帮助病人训练观察性自我。病人躺在长椅上不仅是谈他自己，同时也观察着自己谈自己，观察着自己的感觉、情绪和想法。

观察性自我的训练非常重要，当它足够强壮时，个体就可以进入下一个阶段，发展出所谓的“超越的自我”。借助超越的自我，我们能够觉察到更广阔的自我空间，能够更明智地决定何时、何地与为何要表达我们的本质。当我们更了解我们的思考与感觉的时候，我们就不会对自己的缺点感到羞愧和自卑，我们能够接纳我们身上好的部分以及不好的部分，并加以整合。我们能够发展出与我们缺陷共存的能力，甚至能够自嘲。当我们能够承认自己的缺陷后，我们也就有能力去改变我们能够改变的，接纳我们不能改变的，并因此变得智慧起来。

所以，只要有足够的观察性自我存在，我们就能减少本能的驱使，获得更多的自由意志。由于超越的自我是以先前观察性自我为基础，随着它的发展，我们知道自己并不能随时随地都随心所欲，相应地，我们在心灵上将更加具有弹性和韧性，能够有意识地决定何时可以随心所欲而不逾矩，何时应该自律而不苛求自己。

一天下午，我对一个病人解释“超越的自我”。这个病人来就诊，是因为他在表达愤怒上有困难。多年前，他在一所大学工作，碰上了一次学生罢课。听完我的解释后，他恍然大悟，突然叫道：“啊哈！现在我懂你的意思了。”他回忆起当罢课达到高潮时，校长辞职了，一个新校长临危受命：

> 我们不停地开会，一个接一个。讨论得非常激烈。新来的校长大多数时候是在倾听。有时候他会很平静地询问一些事情，发表一些看法，但是他从未确定地表达过任何意见，因为他仍在适应当中。我很佩

> 服他的冷静，但是我也开始怀疑他是不是太被动了，会不会太无能。
>
> 后来，我们在露天剧场举行了一次大型会议，所有校方人员都可以参加。所讨论的议题非常重要。一个很年轻的教授上台大放厥词，说校方整个行政系统只是一群麻木无能的猪猡。等他说完后，新校长站起来走上讲台，以非常平静而稳重的语气说：“我与各位相处已经三个星期了，你们还没有机会看新校长发怒。今天你们有机会了。”然后，他把那个自以为是、狂妄自大的笨蛋轰下台。新校长的言行令人印象深刻。也许这就是你所谓的“超越的自我”在发挥作用吧。

当意识发展到“超越的自我”这个阶段时，并不是意味着我们不能发怒，而是说我们不能随便发怒，从而被愤怒这种情绪控制。相反，我们可以在需要发怒的时候发怒，在不需要发怒的时候不发怒。也就是说，我们可以控制情绪，成为情绪的主人，让自己获得情绪自由，在心灵上更有力量。

超越的自我相当于一个乐团的指挥。就像那所大学的校长，他非常清楚自己的情绪状态，能够实际指挥自己的情绪。也许他感觉有点悲伤，但他能自我控制，所以他可以说：“现在不是伤感的小提琴演奏的时候，而是快乐的时刻，所以小提琴请安静，小喇叭请尽情地吹奏起来。”他的能力表现在他不会压抑或否定自己的悲伤，就像乐团指挥不会砸碎小提琴一样。他只是把悲伤放在一边，暂时不用。同样地，借助超越的自我在情绪与理智上的控制，他能够对自己的快乐说："我爱你，小喇叭，但是现在不是表达快乐的时刻。我现在需要召唤愤怒，所以击鼓吧。"

不难看出，自我常常会陷入情绪之中而不能自拔，而超越的自我却可以作为一个旁观者观察情绪，并驾驭情绪。那么，在我们经历更恐怖的事情，更剧烈的情绪时，比如死亡，我们还能拥有这种观察性自我，还能如此超然吗？

## 自我与灵魂

生命是一个由生到死的过程，我们恐惧死亡，是因为死亡意味着自我的消失。但是很多有过濒死体验的人，在回忆自己的死亡经历时都承认，当他们的心脏停止跳动后，意识依然存在，他们感觉自己仿佛飘出体外，在一旁观察身体死亡的全过程中，内心没有感到丝毫的焦虑、沮丧和恐惧，一切都显得平静、安宁和超然。这不由得令人思考，他们的自我已经接近消失，而那个观察自我的东西究竟是什么呢？

我们从天真无邪的童年，走过活力四射的青年，再到成熟稳重的中年，渐渐地身体开始退化，变老，终有一天，我们的生命也会消失，自我将不复存在。这样的生命旅程不免令人感到悲哀和凄凉。但是所幸，伴随着自我的消失，我们的灵魂却升华了起来。那个观察死亡的东西不是别的，正是灵魂。

灵魂是观察性自我发展的结果，换言之，意识发展的最高成果，就是灵魂。

在自我意识发展的第二个阶段，意识更贴近自我；而在观察性自我中，意识更贴近灵魂。贴近自我会给我们带来感官上的快乐，也会让我们感到焦虑、恐惧、痛苦和沮丧，而贴近灵魂则会给我们带来精神上的超越和彻底的自由。

你相信灵魂吗？

你认为死亡是一切的终结吗？

虽然我们无法得知死后的情形，但常常能感受到灵魂的引领。比如，你爱上某个人，当你注视她或者他的眼睛时，是否会有一种似曾相识的感觉？你到某处去旅行，是否突然感觉自己曾经在这片土地上生活过？你今天遇见的事情是否曾经在梦中出现过？

我在前面给灵魂下的定义是："一种神秘的，引领着我们的，独一无二的，可成长的，永生不死的人类精神。"这个定义中的每个字都很重要。不管愿不愿意，有没有意识到，灵魂都在内心深处，以一种神秘的方式引领着我们。不过，自我却常常抗拒灵魂的引领，在许多方面，自我和灵魂都处在交战状态中，令我们的内心陷入冲突，身心俱疲。

那么"灵魂"与"自我"有什么区别呢？自我掌管着人格，

当我们谈到某人的“自我”时，通常是说某人的自我形象、情绪特征、价值观和思想。我们的自我能够成长、改变和发展，但常常不会那么主动，也容易误入歧途，需要灵魂的引领。

也许，自我与灵魂最大的区别之一，是自我接近我们的表面，而灵魂比较深入，接近我们存在的核心，其深入的程度让我们不容易觉察。当初我违背父母的意愿，放弃那所著名中学的经历，实际上就是受到了灵魂的引领，代表我开始与自己的灵魂接触。

三年级寒假，我一回到家就郑重地向父母宣布：“我不打算再回那所学校了。”

“你不能半途而废。我为你花了那么多钱，让你接受那么好的教育，你不明白自己放弃的是什么吗？”父亲说。

“我也知道，那是一所好学校。”我回答说，“可是，我不打算回去了。”

“你为什么不想法去适应它呢？为什么不再试一次呢？”父亲问。

“我不知道，”我沮丧地说，“我也不知道为什么讨厌它。我只知道，我再也无法忍受下去了。”

“既然这样，那你告诉我们，你到底打算怎么办？你好像没把将来当一回事儿。你有什么样的个人计划呢？”

“我不知道。反正我再也不想去上学了。”我依旧沮丧地说。

父母大为惊慌，只好带我去看心理医生。医生说我患了轻度抑郁症，建议我住院治疗一个月。他们给了我一天时间，让我自行做出决定。那天晚上，我痛苦不堪，第一次有了轻生的念头。既然医生说我患有抑郁症，那么住进精神病院就似乎是合情合理的事。但我哥哥在那所学校很适应，为什么我却不行呢？我清楚我无法适应学校，完全是自己的责任，于是我觉得自己是个低能儿。更糟糕的是，我觉得自己和疯子没有两样。父亲也说过，只有疯子才会放弃这么好的教育机会。回到艾斯特中学，就是回到安全、正常的环境，回到被社会认可、对个人前途有益无害的道路上。可是我的灵魂却告诉我，那不是适合我的道路。就眼下看来，我的未来非常迷茫，充满了不确定的因素。放弃上学势必给我带来意想不到的压力，我该怎么办呢？我执意离开理想的教育环境，是不是果真精神失常了呢？我感到害怕。

就在沮丧的时刻，仿佛神谕一般，我听到一种声音，一种来自灵魂深处的声音："人生唯一的安全感，来自于充分体验人生的不安全感。"这声音给了我莫大的启示，尽管我的想法和行为与社会公认的规范不符，甚至使我看上去像个疯子，但我应该选择自己的路，于是，我终于安然睡去。第二天一早，我就去见心理医生，告诉他我决定不再回艾斯特中学，宁愿住进精神病院。就这样，在灵魂的引领下，我纵身一跃，进入了未知的天地，开始了我的人生。

每个人都有一个"自我"，并努力维持这个自我的稳定和尊严。但显然我们的内在还有某种更神秘的力量在引领着我们。这就是灵魂。自我需要尊严，有尊严才能维持自己的边界不受侵犯。但是灵魂却不需要尊严，因为灵魂是不死的，自由的，没有边界。荣格说：

> 我一直认为，生命就像是一种植物，依赖地下的根系供给养分。真正的生命隐藏在根系里。我们看到的地面以上的部分只能存活一个夏季，然后会归于枯萎——它的生命何其短暂！生命和文明永远更迭交替，这使我们感到一切都是一场虚空。但是，我也始终有这样的感觉：在永不停歇的变化之中，总有一种东西存活在我们脚下，我们只看到花开花落，而生命的树根却岿然不动，万古长青。

自我相当于植物表面的叶子和花朵，而灵魂则是地下的根系。我们必须记住，自我是浅层次的，灵魂是深层次的，自我要发生真正的改变必须触及灵魂，而任何违背灵魂的自我都会陷入无边的焦虑、抑郁、恐惧和痛苦之中。

深入灵魂是不容易的，我们可以清楚地告诉别人自我的一些情况，比如自己叫什么名字，有什么样的性格特征，持什么样的价值观，却对自己的灵魂知之甚少。灵魂是一个人真正的精神，它非常难以捉摸。**当一个人选择心灵成长作为毕生目标时，灵魂的独特就开始慢慢彰显。**自我的心理问题如同淤泥，当淤泥逐渐被过滤澄清后，深处的灵魂就会闪耀光芒，这光芒独一无二，能让我们获得精神上的超越。

我在前面说过，“邪恶”(diabolic)这个词的希腊文diaballein意思是崩裂、分离和分化；而在希腊文中，与它相反的词msymballein，意思是融合、整合。**追求精神成长，其实就是追求身体、心灵和灵魂的统一。**许多来接受心理治疗的人，他们的大脑和心灵，理智和情绪都处在一种分离的状态。我见过许多人，他们的内心信仰上帝，但同时在理智上又是一个无神论者，或者情况相反。这真的是很可惜。他们一方面很慷慨、温和、诚实与真诚，另一方面却感觉不到生命的意义，内心充满了矛盾，充满了绝望。对于他们来说，迫切需要解决的问题是让内心统一，而这种统一不是让心灵跟随身体，而是让身体和心灵跟随灵魂。实际上，我们只有放下自我，才能看见灵魂的光芒。最深的治疗往往不是发生在心理的层面，而是在灵魂的层面。

## 放弃和掏空

人有了自我，必然会遭受各种各样的痛苦，但是一切苦痛，皆有深意，其目的是掏空内心，让灵魂的光芒释放出来。

自我和灵魂常常陷入矛盾和冲突之中，**自我需要拥有，拥有得越多越好，而灵魂需要放弃，放弃得越多越自由。**

人不可能放下自己没有的东西，放下自我，首先需要我们得到自我。对于那些缺乏独立思考能力的人，由于他们并没有得到自我，所以也谈不上放下自我。他们看似悠闲自得，无忧无虑，实则是缺乏生活的热情，总是随大流和投机钻营。他们活得很肤浅，几乎与灵魂没有任何接触。但是对于那些自我意识很强的人来说，他们必须放下自我，才能释放出灵魂的光芒。如果说我们前半生是努力追寻自我，那么后半生就要放下自我，让自我追随灵魂。

所谓中年危机，就是在该放下的时候没有放下，这才让人变得焦虑不安，忧心忡忡。获得自我的过程是缓慢的，放下自我的过程同样如此。如果放下的过程受到阻碍，我们的内心就会出现危机。

我曾经治疗过一位病人，名叫马克，他十分害怕乘坐飞机。他描述说："每当飞机颠簸时，我都担惊受怕，害怕飞机掉下去，那种担心和恐惧来来去去，把我的心悬在半空中，一刻也不得安宁。"

经过几次治疗后，我发现马克有一个非常强大的自我，总想掌控一切，对于所有无法掌控的事情，他都会感到焦虑和担心。一天治疗时，我问他："除了飞机，你害怕坐其他的交通工具吗？"

"我不害怕坐火车，也不害怕坐轮船。"马克说。

"据我所知，火车出事故的概率要比飞机大得多。"我说。

"但是，火车出事是在地面上，我还有逃生的可能，而飞机在空中没有任何选择。"马克说。

“这样看来，你害怕坐飞机实际上是因为一旦飞机出事后，你没有选择的余地。”

“是的。”马克回答。

“假如，我说的是假如，假如是你自己在开飞机的话，你会不会感到害怕呢？”

“我想我可能会感到紧张，但不会那么害怕，因为是我自己在掌控着一切。”马克想了想回答。

“马克，也许，这就是问题的根源，你总想把事情纳入自己的控制之下，害怕放手，让事情顺其自然。但是生活中并不是每件事情你都能掌控，你必须放下掌控一切的想法，把命运交给命运，才能彻底避免内心的焦虑和恐惧。”

实际上，我们之所以感到焦虑、恐惧和痛苦，是因为我们的心中始终有一个“自我”。放下自我，是跳出自我，在一个更高的层面和更广阔的角度观察自己，并获得自我觉察的能力。这时，虽然我们依然有自我意识，却会感觉到自己只不过是浩瀚天地间的一分子，是伟大宇宙计划的一部分。于是我们的自我意识与宇宙意识融为一体，我们变得谦虚、宁静、宽容、坚韧，也更具智慧，能够从生活中一个个转瞬即逝的片段感受生命的壮阔，从而获得超然。

人生各个阶段，会出现各种各样的危机，只有放弃旧的、过时的观念和习惯，才能渡过危机，顺利进入人生的下一阶段。不少人无法放弃早已过时的东西，所以无法克服心理和精神上的危机，只能止步不前，他们不能享受到新生带来的欢悦，也不能顺利地进入更加成熟的心智发展阶段。我们不妨按照人生危机发生的时间次序，简单归纳我们在各阶段需要放弃的东西：

无须对外界要求做出回应的婴儿状态

无所不能的幻觉

完全占有（包括性方面）父亲或母亲（或二者）的欲望

童年的依赖感

自己心中被扭曲了的父母形象

青春期的自以为拥有无穷潜力的感觉

无拘无束的自由

青年时期的灵巧与活力

青春的性吸引力

长生不老的空想

对子女的权威

各种各样暂时性的权力

身体永远健康

最后，自我以及生命本身

放弃是痛苦的，对我们来说，放弃生命几乎是不可接受的事情，正是因为放弃如此艰难，所以放弃才是神圣的。在英文中放弃这个词——Kenosis，有两层含义，一是自我掏空，一是神性的放弃。这说明**放弃不是人的行为，而是人身上神性的体**

现。在人类历史中，所有伟大的精神导师，都传达出同样的信息："放弃自我者必将获得灵魂。"

我们在生活中所遭受的一切打击和挫折，所承受的一切焦虑和痛苦，归根结底，都是为了让内心变成一个"空瓶"来容纳灵魂。如果内心始终充斥着各种各样的占有欲，填满了过去的伤害和怨恨，我们也就远离了灵魂，一刻不得安宁。但是，如果我们能够运用神性的力量放弃自我，甚至在心理上放弃生命，伴随着放弃的痛苦和沮丧，在臣服于更高的力量之后，一种轻柔的宁静便会降临。这时，我们把自我缩得很小，但看见的世界却很大，我们终于明白自己就像一个话筒，传递着灵魂的声音。正如圣保罗所说的："现在我活的不是自己的生命，我与宇宙的灵魂共存。"

当我们在心理上真正做到放弃自我之后，许多神奇的事情就会发生。不管是在我自己身上，还是从我的病人那里，我都经历过一些匪夷所思的事情。它们都属于 serendipity 的范畴，即不期而遇的收获或好运。根据《韦氏大辞典》的解释，serendipity 的英文原意是："意外发现的有价值或令人喜爱的事物的天赋和才能。"这个定义值得关注的地方，就是它把"好运"看作是一种天赋和才能，换句话说，有些人具有这种天赋和才能，而有些人则不具备。我的基本假设之一就是，"意外发现的有价值或令人喜爱的事物"是灵魂的引领。这样的引领每个人都会遇到，只不过有的人能够把握，有的人却让机会白白溜走。

唯有放弃自我，才能获得灵魂的引领，当乔达摩·悉达多放弃追求真理的想法时，他得到了大彻大悟。我们无法去寻求灵魂的引领，只能通过修身养性，让灵魂来寻找我们。

常常有人问我，在我写了《少有人走的路：心智成熟的旅程》之后的20年来，有没有什么神奇的经历？多得不胜枚举。有一个例子尤其突出。大约在8年前，我前往明尼苏达州演讲。坐飞机的时间对我来说非常宝贵，我可以用这段时间来写作。我总是带着一个黄色的笔记本，不愿意被人打扰。那天早上，我登上飞机，邻座是一位大约40出头的男人。我用惯常的身体语言表达了我不想交谈，很高兴他也喜欢独处。我们沉默地坐在一起，我埋头写作，他读着一本小说。经过一个小时的飞行，我们抵达了水牛城，然后一同沉默地走下飞机，沉默地在水牛城的候机楼里等待一个小时后转机。之后我们又沉默地回到机上。直到升空45分钟后，我们才交换了第一个词，真的是出乎意料，这个男人从小说中抬起头来说："很抱歉打扰你，但是你知不知道'serendipity'这个词的意思？"

我简直惊呆了，因为我正在写有关这方面的内容。当这种神奇的事情发生后，就算我再不想交谈，也会心甘情愿地放弃写作，于是我们开始交谈起来。原来他在爱荷华州土生土长，从小接受教会的熏陶，却不相信教会的那一套，他说："我不相信圣母怀胎的说法，老实说，我对于基督复活也有疑问。我觉得很不好过，所以我可能要离开教会了。"为了回答他，我谈起健康的怀疑与困惑。我告诉他，通往神圣之道，在于质疑一切。当我们分手时，我的邻座说："也许我不需要离开教会了。"

神奇的力量无处不在，但却需要我们放弃自我，才能感受到。在我明确表示不愿意交谈之后，那个男人为了维护自己的自尊，是绝对不会与我交谈的，如果是这样，我们都不会感受到神奇力量。他主动与我说话，事实上或多或少都放弃了一点点自尊，但恰恰是这种放弃，让我们双方都收获良多。

## 倾听灵魂的声音

当事情超过了巧合的程度，就很可能是灵魂在运作。但是灵魂真的会与我们说话吗？答案是肯定的。

最常见的方式，是透过一种“寂静而细小的声音”。我最近一次，也是最清晰的一次体验到灵魂寂静细小的声音，是在 1995 年秋天，当时我刚完成小说《天堂尘世》的初稿，已经得到了出版商的认可。我需要开始进行改写，而我碰上了问题。在初稿中，我把自己当成主角，我相信这需要改写。我必须跳出自己，才能推进这个角色的发展。但是我向来不善于从外观察自己。而且书中情节的安排使主角非常像我—— 一个接受过心理治疗训练的知识分子。这是一个问题，我一点也不知道要如何解决。

一天下午，我把问题暂时搁置，正在处理别的事情，突然听到一个寂静细小的声音说：“去读《但以理书》。”我轻轻摇摇头。我知道《但以理书》是在《旧约》中。就像所有上过学的小孩，我知道但以理是一个先知，不知何故被丢入狮子的洞穴中，后来因为上帝开恩而得救。除此之外我一无所知。我从来没有读过《但以理书》，也从未打算去读，我一点也不懂这声音为什么要我读它。我摇摇头，继续手头的工作。

第二天下午，我在妻子的书房找一些文件时，那个声音再度响起："去读《但以理书》。"这次我没有摇头。我能感觉出我的灵魂似乎要我做什么事，虽然天晓得是什么事。不过我仍然慢条斯理，没有特别理会。

又过了一天，下午我去例行的散步，声音又回来了，甚至更坚决："斯科特，你什么时候才能去读《但以理书》？"等我散步回来后，就抽出一本《圣经》，开始读《但以理书》。我从中得到许多心得。但是最有用的是，我领悟到但以理与我有一种戏剧性的类似。虽然他要比我勇敢、坚强、高贵和自持，但他显然也是个知识分子。身为解梦的专家，在某种程度上，他也算是一名心理医生。所以，我的生命似乎与他有一些重叠，于是我很快就解决了自己的问题：从此之后，我的小说主角就变成了丹尼尔（但以理），而不是斯科特。我们之间的相似与相异使我能够跳出自己之外，以种种小细节使角色更为可信。

灵魂的声音不需要告诉我们已经知道的事，或推动我们去做自己会做的事。它的来临新奇而出乎意料，为了启示我们，必须穿透既有的限制与边界。所以，对于灵魂的声音，我们通常的反应是摇摇头。

灵魂对我们说话的另一种方式是通过梦，尤其是荣格所谓的"大梦"。当我还在当心理医师时，有些病人知道从梦里可以找到问题的解答，于是他们刻意而机械化地试图发掘其中的答案，努力记录下梦境的所有细节。但是在心理治疗中，通常没有足够的时间来分析大部分的梦。大量的梦境数据会妨碍到更有收获的分析过程。对于这种病人，我必须教导他们停止搜寻他们的梦，而让梦来找他们，让他们的灵魂选择什么梦可以进入意识之中。这种做法相当困难，需要病人放弃部分的控制，对自己的心智采取更被动的姿态。但是一旦病人学会停止有意识地抓住梦，他们所记得的梦境数量会减少，而质量会明显提高。病人的梦会成为灵魂的赠予，优雅地帮助病人得到康复。

也有些病人，完全不了解梦境对于他们所具有的启示，于是他们会从意识中抛弃所有的梦境，将它们看成是没有价值和不重要的东西。这些病人必须学习记住他们的梦。

梦，特别是荣格所说的“大梦”，总是会强烈敲击我们的心扉，甚至冲我们尖叫“记住我”。其实，这就是灵魂的一种引领。

在生命的旅程中，始终有一双看不见的手，有一种深不可测的智慧，有一种神秘莫测的力量，指引着我们走向新生。人生最幸运的事情莫过于在孤独的旅途中遇见灵魂，并与她结伴而行。没有遇见灵魂的生命是僵化的，狭隘的，枯萎的，往往会误入歧途。

灵魂可遇不可求，没有任何方法可以按图索骥。我们必须克服内心的懒惰、依赖和恐惧心理，通过艰苦的努力，拿出勇气去忍受生活中的磨难和痛苦，最终掏空内心，放下自我，才能迎来灵魂的降临，获得精神的超越。

## 斯科特·派克
## 《少有人走的路》系列

**《少有人走的路：心智成熟的旅程》（白金升级版）**

**[美]M. 斯科特·派克 著**

全球畅销3000万册！凤凰卫视、《新京报》、《广州日报》、中央人民广播电台《冬吴相对论》等媒体强力推荐！或许在我们这一代，没有任何一本书能像《少有人走的路》这样，给我们的心灵和精神带来如此巨大的冲击。本书在《纽约时报》畅销书榜单上停驻了近20年的时间，创造了出版史上的一大奇迹。

**《少有人走的路2：勇敢地面对谎言》（白金升级版）**

**[美]M. 斯科特·派克 著**

在逃避问题和痛苦的过程中，人会颠倒是非，混淆黑白，变得疯狂和邪恶。所以，邪恶是由颠倒是非的谎言产生的。勇敢地面对谎言，就是要让我们勇敢地面对真相，不逃避自己的问题，承受应该承受的痛苦，承担应该承担的责任。唯有如此，我们的心灵才会成长，心智才能成熟。

**《少有人走的路 3：与心灵对话》（白金升级版）**

**[美]M. 斯科特·派克 著**

每个人都必须走自己的路。生活中没有自助手册，没有公式，没有现成的答案，某个人的正确之路，对另一个人却可能是错误的。人生错综复杂，我们应为生活的神奇和丰富而欢喜，而不应为人生的变化而沮丧。生活是什么？生活是在你已经规划好的事情之外所发生的一切。所以，我们应该对变化充满感激！

**《少有人走的路 4：在焦虑的年代获得精神的成长》**

**[美]M. 斯科特·派克 著**

在《少有人走的路：心智成熟的旅程》中，作者强调的是“人生苦难重重”；在《少有人走的路2：勇敢地面对谎言》中，则说的是“谎言是邪恶的根源”；在《少有人走的路3：与心灵对话》中，作者又补充道“人生错综复杂”；而在这本书中，作者想进一步说明“人生没有简单的答案”。

## 斯科特·派克
# 《少有人走的路》系列

### 《少有人走的路5：不一样的鼓声（修订本）》

**[美]M. 斯科特·派克 著**

在《少有人走的路5：不一样的鼓声》中，斯科特·派克一针见血地指出，如果一个群体不能接纳彼此的差异和不同，不能聆听不一样的鼓声，那么人与人之间就不敢吐露心声，很难建立起真诚的关系。

不真诚的关系是心理疾病的温床，而真诚关系则具有强大的治愈力。

### 《少有人走的路6：真诚是生命的药》

**[美]M. 斯科特·派克 著**

作为享誉全球的心理医生，派克在本书中，以贴近生活的故事，展现了真诚对人类产生的巨大作用。书中涉及家庭教育、婚姻关系、职业等多个方面。阅读这本书，能帮助我们学会运用真诚的力量，也将为我们的认知带来重大改变。

### 《少有人走的路7：靠窗的床》

**[美]M. 斯科特·派克 著**

本书是心理学大师斯科特·派克的一次伟大尝试，他将亲历过的经典案例，变成一个个特点鲜明的人物，并借由一桩凶杀案，让人性的不同侧面在同一空间下彼此碰撞，最终形成了精彩纷呈的心理群像。这是一部惊心动魄的小说，更是一本打破常规的心理学著作。

### 《少有人走的路8：寻找石头》

**[美]M. 斯科特·派克 著**

心理学大师斯科特和妻子克服重重困难，在英国展开了一场发现之旅。他们一边破解着史前巨石的秘密，一边进行着心灵的朝圣，斯科特深情回顾了自己的一生，并以其特有的心理学视角，深入解读了关于金钱、婚姻、子女、信仰、健康与死亡等重要命题，给读者提供了审视世界的全新思路。